新 地球を救う大変革

EMが未来を復興する

比嘉照夫
Higa Teruo

サンマーク出版

まえがき　～新・地球を救う大変革

二〇一一年三月一一日、日本は史上かつて経験したことのない未曾有《みぞう》の国難と向かい合うことになりました。

マグニチュード九・〇を記録した東日本大震災は、三陸海岸沿岸の各地に津波による甚大な被害をもたらし、同時に起きた東京電力福島第一原子力発電所の事故は福島県を中心に広い範囲に深刻な放射能汚染をもたらしました。一年と数か月を経過した現在、復興の見通しも、かなり進展している例もありますが、放射能汚染については、いまだその収束の兆しは見えていません。

その震災被災地において、衛生対策や浄化対策、津波による塩害対策など、さまざまな方面で絶大な力を発揮したのが、ＥＭです。ＥＭとは、「有用微生物群」の略で、私が約三〇年前に開発した微生物資材です。

一九九三年、私はＥＭの万能的な力を世に問うために『地球を救う大変革』（小社刊）という本を著しました。この本は数か月で一〇万部を超えるベストセラーとなり、『ＴＨＥ　21』では、その年に出版された本で人々にもっとも多くの感動を与えた本として、高い評価をいただきました。

それ以降も、ＥＭは世界的な広がりを見せ、現在では五五か国に工場があり、約一五〇もの国で使用され、国家プロジェクトとして二〇か国に上ります。一方、日本国内においては草の根的に着実な広がりを見せているとはいえ、海外での飛躍的な広がりに比べれば、まだまだ道半ばという感がぬぐえません。

ＥＭを使ったことのない行政の責任者や政治家、官僚、有識者といわれる人々からは、「こんなにいいものがなぜ広がらないのか」という詰問に似た質問もよく受けます。私はそのたびに「日本は本当に困っていないからです。いずれ本当に困ったらＥＭを使うようになりますよ」と皮肉交じりの返事をしてきました。

本音をいえば、既成概念や既得権益が普及を阻害していることや、法的な制度を含め社会全体がＥＭを受け入れるしくみになっておらず、ボランティアや個人の責任でしか広がらないというのが、その答えなのです。

農業はもとより、下水処理、汚泥処理、環境対策などにEMを徹底活用すれば、コストは従来の半分以下、うまくいけば五分の一にすることができます。ですので本当に困っている貧しい国々では、すぐにEMが広がるのですが、日本は財政難とはいえ、まだ余裕があるので、必ず「EMでなくてもできる」という話が出てきます。

しかし、今回の大震災と原発事故による想像を絶する被害によって、日本は本当に困った状況に陥りました。震災当初、想像を絶する被害の大きさと、かつて経験したことのない事態への対応をめぐって国のリーダーたちは困惑し、ただ立ちつくすばかりでした。

そんな状況の中にあって、EMは現地のボランティアグループを中心に、被災直後から積極的に活用され、着実に被災地復興の力となっています。それは長い時間をかけて強固に根を張ってきたEM活動の成果です。

東日本大震災後、一年と数か月が経過した今日、EMは究極の放射能対策と震災復興への具体的な道筋を示し、成果をあげることができました。

昨今のソーシャルネットワークとインターネットの驚異的な技術革新によって、被災地におけるEMの成果を迅速に、より多くの人々に知ってもらうことができ、そのためにEMが長年抱えていた風評被害はすっかり少なくなりました。また、行政側もEMを積極的に活用する事例が増えてきました。

本書は一一年ぶりの著書として、ＥＭの最新情報をご紹介するべく準備を進めてきましたが、はからずもその途中で東日本大震災を迎えることになりました。

ＥＭはこの未曾有の大災害に対し、その名に恥じない「新・地球を救う大変革」を着実に実現できることを明確に示してくれました。

本書が、国家の危機管理はもとより、地方行政が抱える難問の解決に役立ち、また個々人が「ＥＭ生活」を楽しみ、幸福度の高い社会づくりに役立てることができましたら、望外の喜びです。

二〇一二年六月

比嘉照夫

目次

新・地球を救う大変革

プロローグ 震災復興に力あり

第1章　着々と進む〝環境革命〟

第２章　世界が認めた農業・畜産

第3章 ますます広がる応用技術

第４章 未来につながる災害対策

第5章 〝だれもが幸せになる〟社会の実現

付章　簡単・便利！　EMエコ生活

ブックデザイン　泉沢光雄
カバー写真　©Doable/a.collectionRF/amanaimages
本文イラスト　高橋和会
本文組版　山中　央
編集協力　コンセプト21、逍遙舎
編　集　斎藤竜哉(サンマーク出版)

プロローグ

震災復興に力あり

震災被災地の復興を支えるＥＭボランティア

多くの悲劇をもたらした東日本大震災と、それに続く福島第一原子力発電所の事故から一年あまりがたちました。

遅々として進まぬがれき処理、日本中を不安におとしいれている放射能汚染など、数々の問題を残しながらも、被災地はいま着実に復興に向けて歩んでいます。

この復興の基本を支えてきたのが、万能の微生物資材であるＥＭと、ＥＭの活用を推進する多くのＥＭボランティアの存在です。ＥＭは避難所における衛生管理や被災地の悪臭対策、津波による農作物の塩害対策などで劇的な効果をあげ、さらには「ＥＭを施用したところ土壌の放射線量が劇的に減った」「農作物から放射性物質がまったく検出されなくなった」といった現代科学の常識を覆すような報告も続々と寄せられています。

ＥＭはいまから三〇年ほど前、沖縄・琉球大学にあった私の研究室の片隅で生まれた微生物群です。乳酸菌、酵母菌、光合成細菌を主力とするこの八〇余種の微生物たちの集団を、私は有用微生物群（英語でEffective Microorganisms＝ＥＭ）と名づけました。

　当初は農薬や化学肥料に替わる土壌改良資材として開発したものですが、その後の研究でＥＭがきわめて高い抗酸化力を有し、あらゆるものを蘇生《そせい》の方向へ導く力をもつことが明らかになりました。

　しかも、ＥＭはだれでもかんたんに増やすことができ、限りなく安価で使用することができます。そのため現在では農業や畜産はもちろんのこと、水質改善をはじめとする環境対策、放射能やダイオキシンなどの汚染対策、建築など幅広い分野で活用されるようになっています。

　一九九五年の阪神・淡路大震災においても、ＥＭは避難所の衛生管理などで絶大な力を発揮しました。また一九八六年のチェルノブイリ原発事故後、ベラルーシの汚染地帯で一〇年あまりも実験を重ねてきた結果、ＥＭが放射性物質を減少させる効果を発揮することも実証してきました。

　こうしたことから、今回の東日本大震災でも、私は必ずＥＭの力が必要になると確信し、震災発生の翌日から全国のＥＭ関連団体と連絡をとって、二〇日以内に被災地全域にＥＭの供給体制を整えました。ＥＭは被災現場に届けられるや、避難所の消臭・衛生に関する諸問題をたちどころに解決し、その後も復興に向けた取り組みのなかで幅広く活用されることとなりました。

これらの活動を実行してくれたのは、主として現地のＥＭユーザーやボランティアの方々、また山形や新潟、秋田など、近県からのボランティアの方々です。震災直後の混乱期には、ＥＭを使った経験のある被災者が自らリーダーシップを発揮してＥＭ活用の陣頭指揮をとり、交通インフラが回復したのちは、全国から集まったボランティアと力を合わせて復旧復興に取り組みました。

たとえば三陸ＥＭ研究会のメンバーである足利英紀さん（宮城県気仙沼市《けせんぬま》）は、津波で家と店舗を失いながらも、避難所の仮設トイレの悪臭をＥＭで解決するべく、震災直後から自家製ＥＭを散布する活動を始めてくれました。

彼が各地の避難所でボランティアを募ると、大人から子どもまで多くの志願者があったため、ＥＭ活動の輪は被災者の間にどんどん広がり、やがては「商店街クリーン大作戦」や「気仙沼まるごとＥＭ浄化大作戦」といった地域ぐるみの活動へと発展していきました（詳細は第４章で紹介します）。

足利さんの活動は、ほかのボランティア団体にも大きな影響を与えました。なかでも宮城県南部復興支援ボランティア（ＭＳＲ＋）は、足利さんがまいたＥＭでヘドロの悪臭がみるみる消えていくのを見て大いに感動し、その後の活動をすべてＥＭベースで行うようになりました。

ＭＳＲ＋が岩沼市から「遺体安置所として利用している体育館の消臭対策をお願いしたい」と要請を受けたときも、迷わず三陸ＥＭ研究会に連絡をとり、両団体のメンバーやボランティアセンターから派遣された方々とともに対策を行うことになりました。

体育館にはお焼香などのさまざまな臭いがしみついていましたが、ＥＭ散布と床ふきを徹底して行ったところ臭いは劇的に消え、市の担当者からも「ＥＭを散布してから空気が変わりました」との言葉をいただいたということです。

六月中旬には、愛知ＥＭ友の会の有志六名がトラック二台とバン一台に支援物資を詰め込んで岩手県大船渡市へ向かいました。この支援は、メンバーの「ボランティア活動に行きたい！」という一言をきっかけに、愛知県の知人から陸前高田市の知人へ、大船渡市の議員さんへと何人もの思いがリレーになって実現したものです。

愛知県友の会のメンバーは、半田市の榊原純夫市長から預かったメッセージを大船渡市の戸田公明市長に手渡したのち、市職員から提示された場所でEM散布を行いました。大船渡市内を流れる盛川は、津波の被害で河川敷や中州にヘドロが堆積《たいせき》し、風向きが変わると魚の腐敗臭が漂ってくるような状況でした。

活動は、この堤防周辺と盛川へのEMだんご投入に始まり（EMだんごについては後述します）、大型冷蔵庫から流出した水産廃棄物が残る市内の公園や、陸前高田市、山田町のカキ殻廃棄場でのEM散布など広範囲にわたり、悪臭とハエ撲滅に大いに貢献しました。

岩手県のボランティアの受け入れセンターとして機能した遠野市の社会福祉協議会は、現場の悪臭対策にEMやEMボカシを積極的に活用しました。その結果、県外からの多くのボランティアがEMの効果について知るようになり、アメリカに本部のある国際的なボランティアのオール・ハンズも全面的にEMを活用し、大きな成果をあげるようになりました。

津波で壊滅的な被害を受けた岩手県大槌《おおつち》町では、地元の猟師の方の呼びかけにより、大槌川の河川敷に菜の花を植えるプロジェクトが行われました。

希望の色である黄色い花を咲かせ、ゆくゆくは菜種油や蜂蜜《はちみつ》をとって産業にし、未来へとつなげていきたい――。そんな願いを込めて始まったこのプロジェクトは、国からの補助を受けず、すべてボランティアによって進められ、ＥＭもこのプロジェクトに協力することができました。

岩手県でのさまざまなＥＭボランティアについてのＥＭ活性液やＥＭコンポストの供給は、花巻市に本社を構える岩手コンポスト株式会社の協力で行われました。また、宮城県では栗原市にあるＳＰＣジャパングループのＮＰＯ地球環境保全ネットワークや東北ＥＭ普及協会を中心に被災地全域にＥＭの活性液を供給することができました。

ＥＭ推進の活動をしているＥＭ研究機構やＥＭ生活社では、ＥＭ災害復興支援プロジェクトとして各地に多大な資材を提供していますが、地域の住民の要望にこたえ、各地にＥＭ活性液の一トンタンクを一～二基設置しました。

ボランティアの方々の思いは各地で実り、翌春の大槌川河川敷も一面の黄色で埋め尽くされました。可憐《かれん》な菜の花は復興のシンボルとして地域の人々を勇気づけ、新しい町おこしへの追い風となっています。

農業、環境、災害対策などあらゆる分野で活用

東日本大震災や福島第一原発事故の対策に用いられ、注目を浴びているEMですが、有用微生物の集合体であるEMがなぜ、農業をはじめ畜産、環境、工業などあらゆる分野で絶大な効果を発揮するのか——まずは、その理由を説明しましょう。

自然界には大きく分けて「蘇生」と「崩壊」という二つの方向性があります。蘇生の方向へ進むと、すべてのものが生き生きとし、健全な状態を維持するようになります。反対に崩壊の方向に変わると、腐敗や汚染が進み、病気が発生し、すべてのものがだめになってしまいます。この方向性を左右するのが、生命のもっとも小さな機能単位である微生物です。

たとえば、川が生活排水によって汚染されるのは「崩壊現象」ですが、汚水が川を流れるうちに浄化されていくのは「蘇生現象」です。また、落ち葉や切り倒された木が腐敗するのは「崩壊現象」ですが、それらが堆積して腐土となり、植物をはぐくむ栄養になるの

は「蘇生」です。これらの変化をつかさどっているのが微生物なのです。

そのほか、土壌や水中には光合成を行う微生物も無数に存在していて、太陽のエネルギーはもとより、地球の外からくるさまざまなエネルギーを活用し、地球進化の原動力ともなっています。

有害な微生物は有機物を腐敗分解し、多量の毒素（強烈な酸化物）をつくりますが、有用な微生物は、ミソや酒のような有機物を発酵分解させるプロセスと同じような力をもっています。これら有用な微生物のなかから、蘇生型の代表的な性質をもったものばかりを集めたものが、ＥＭです。

ＥＭの仲間は、太古から地球の環境に強い影響を及ぼしてきました。草創期の地球には酸素はなく、放射能やメタン、アンモニア、硫化水素などが満ちあふれていましたが、これらの汚染を基質（エサ）にし、現在のようなクリーンな環境をつくりあげたのも、微生物です。

ＥＭは環境を浄化し、すべてを蘇生の方向へ導く力をもっていますが、それは地球の歴史のなかで、大自然が行ってきたのと同じメカニズムによるものなのです。

多くの人が感じているように、地球はいま急速に崩壊の方向へ突き進んでいます。この状況を脱し、蘇生の方向へと大きく舵《かじ》をきるためには、大自然の歴史に学び、蘇生型微生物であるＥＭの力を借りるほかありません。

地球に存在するすべてのものはやがて酸化し、エネルギーを失い、非秩序化し、崩壊するというのが、一般にいわれるエントロピーの法則です。しかし自然界ではさまざまな微生物が汚染物質を有用なエネルギーに変え、秩序化する〝逆エントロピー〟ともいえる現象が起きています。エントロピーの法則と対極をなすこの現象を、私は「シントロピー」と呼んでいます。

有用微生物の集団であるＥＭは、こうした自然界の蘇生的メカニズムを最大限に引き出す力をもっています。だから、ＥＭが定着した場所では汚染が有用なエネルギー源に変わり、すべてが秩序化・蘇生化されていく。このシントロピーの力こそがＥＭの本質であり、農業、環境、災害対策など幅広い分野で活用できるゆえんです。

ＥＭは現在、世界五五か国で製造され、約一五〇か国に導入されています。そのうち二〇か国以上で国家プロジェクトとしてＥＭを採用しており、タイでは国中でＥＭが使われています。ＥＭを使いはじめたことで農産物の収量が倍増した、川や海の汚染が劇的に改善され生態系が甦《よみがえ》ったという例は世界中から数え切れないほど報告されています。

ＥＭの安全性については多数の国々で確認されており、それでいて農業、環境をはじめ、災害対策まであらゆる分野に応用でき、まさに万能の微生物資材といえます。

農業や畜産、一般家庭での掃除などに用いられるのは主に「ＥＭ一号」という液体で、ここにはＥＭを構成する全微生物がバランスよく含まれています。ほかにもＥＭを粘土に封じ込めてセラミックス化したものなどがあり、これは主に建築や環境などの分野で活用されています。さらに省エネ技術に幅広く応用されるＥＭＺ、建築用のＥＭＣなどもあります。

ＥＭ一号は、原液があればだれでも培養して増やすことができ、専用の装置を使えば、大量に培養することも可能です。こうして培養したものを「ＥＭ活性液」といいます。こうしたＥＭの活用と応用の仕方については、のちほど詳しく説明したいと思います。

戦後最大の危機に「間に合った」という実感

東日本大震災発生後、多くのボランティア団体の協力を得て、四月上旬には希望するすべての被災地にＥＭを届けられるようになり、被災地の復旧復興に幅広く活用されるようになりました。このようにＥＭ関係者が迅速に対応できた背景には、全国に広がるＥＭネットワークの存在があります。

私たちはＥＭの普及・啓蒙《けいもう》活動の一環として、ＥＭインストラクターの養成に力を入れてきました。現在、ＥＭの増やし方や基本的な使い方をマスターした初級インストラクターは三万名を超え、ＥＭによる社会化のノウハウまで習得した上級インストラクターも二〇〇〇名を数えます。

彼らは日本各地でＥＭのボランティア活動に携わっていますが、このうち約八〇〇名が被災地である東北地方在住であったことは不幸中の幸いでした。すなわち、被災地近隣に住むＥＭインストラクターやＥＭのユーザーが、震災直後から「すぐにＥＭが必要になる！」と認識して自主的にＥＭの増産体制に入り、交通インフラの復旧もままならぬなか、自家用トラックにＥＭを満載して各地の避難所に届けてくれたのです。

もちろん、ＥＭ推進の中心となっているＥＭ研究機構やＥＭ研究所でも、沖縄や静岡のＥＭ工場をフル稼働させて対応しましたが、遠方からの支援にはタイムロスが生じます。震災直後の混乱のさなか、早い段階からＥＭを届けることができたのは、ＥＭ生活社のネットワークや現地ボランティアの功績にほかなりません。

例によって役所の対応はまちまちで、ＥＭに対する理解度やＥＭボランティアの受け入れには地域によってずいぶんと差がありました。それでも、ふだんからＥＭの普及活動が行われている地域では、比較的スムーズにＥＭが導入され、岩手県の山田町、宮古市、大船渡市や、宮城県石巻市、気仙沼市、七ヶ浜町、南三陸町などでは、かなり早くから行政レベルでＥＭ活用が始まりました。

とくに七ヶ浜町は、町のすべての一次産業の復興にＥＭを積極に取り入れ、大きな成果をあげはじめており、東北一円にＥＭ活用が広まるのは時間の問題だといえます。この春の七ヶ浜町や気仙沼など、ＥＭを徹底して活用した地域の水産物は、目をみはる成果が確認されています。

東日本大震災は死者・行方不明者合わせて二万人近い犠牲者を出しました。犠牲となった方、すべてを失った方の気持ちを考えると、お悔やみやお見舞いの言葉もありません。

しかしながら、この戦後最大の国難のときに、ＥＭがここまで成長していたということに対して、私は感慨を覚えずにはいられません。「間に合ってよかった……」というのがいまの私の率直な思いです。

ＥＭの理解者、賛同者が全国にいて、どこで災害が発生しようとも、すぐさまＥＭを届けられる体制ができていたこと。役所がＥＭの功績を認めるようになってきたこと。膨大な量のＥＭを無償で提供できるだけの人的・財政的な基盤が固まっていたこと。どれ一つ欠けても今回のような大規模かつ迅速な被災地支援はなしえませんでした。

ＥＭ運動の基本のなかに「時間を味方につける」という概念があります。時間の経過とともに不要なものは淘汰《とうた》され、必要なものはさらに充実し、社会も自然界もバランスよく発展させられるという考え方です。

ＥＭが誕生して三〇余年――草の根的な活動から徐々に賛同者の輪を広げ、世界中の国々がその万能性を認めるようになり、東日本大震災という史上最大の国難に対し多くの人の役に立つことができた。これぞまさに、時間を味方につけた成果です。

ＥＭ研究機構では、被災地にＥＭを無償提供するだけではなく、日本をより幸福度の高い国にするために、ＥＭによる地域活性化の支援も積極的に行っています。東北がかつての活力を取り戻すには、長い年月が予想されますが、時間を味方につけ、力を合わせて取り組めば、必ずや理想を現実のものにできるという確信をもっています。

地球の未来を大きく変えるのは微生物の力

ここまで主に東日本大震災後への対応について述べてきましたが、ＥＭは有事下のみならず日常のあらゆる場面で活用されています。近年はとくに地球環境問題への関心から、ＥＭを環境対策に活用する動きが加速しています。

日本では、不思議なことに環境問題の大半が地球温暖化に置き換えられ、温暖化対策を行えば環境問題はすべて解決するというような誤解がまかり通っています。

しかし環境問題は、人間の健康や生態系、生物多様性を中心に考えねばなりません。結論をいえば、化学物質中心の生活や生産活動にとって代わる技術と、放射能はもとより、すべての汚染を根本から解決する技術が必要になるのです。そしてＥＭはそのすべての条件を満たしています。

ＥＭで農業生産高を二倍以上に増やし、地球全体の生態系を蘇生型にすれば、林産や水産資源はいまの数倍にもなります。また砂漠の大半はレベルの高い生産緑地に変えられるため、現在騒がれているCO_2問題は存在しなくなります。CO_2が食糧生産や環境浄化の資源になるからです。その結果、たとえ地球の人口が一〇〇億人になっても十分に支えていくことができるのです。

第1章で詳しく述べますが、東京都の日本橋川にEMを投入したところ、水質が劇的に改善されアユやサケの遡上《そじょう》が見られるようになり、隅田川はもとより東京湾の水域全体がきれいになる例をはじめ、EMによる環境浄化運動は全国に広がっています。

私は、EMを単なる便利な道具、付加価値の高い商品として普及させるつもりは毛頭ありません。EMという万能的な資材を人類の共有財産的に活用することで、よりよい幸福度の高い望ましい未来社会をつくる――。それこそが私の唯一無二の望みです。

日本でEM推進の中核を担っている、EM研究機構、EM生活社、EM研究所の三つのグループは、いずれも利を追求する企業ではありません。EMであがった利益は特定の個人や団体に帰属することなく、すべてEM運動の推進に使われており、その意味ではNPOとまったく変わらない善意のボランティア会社といえます。

また、各家庭での生ゴミ処理など、身近なところから環境問題に貢献しようとEMを使いはじめた人々が自然に集い、EMで世の中をよくしたいという善意のネットワークを広げてくれたことも、ＥＭ推進の原動力となりました。

いまではＮＰＯ法人地球環境・共生ネットワーク（Ｕ-ネット）を中心に、全国ＥＭ普及協会やＳＰＣジャパンを含め全国で千数百団体、約三〇万人もの人々が、善循環型の幸福度の高い社会の構築をめざし、それぞれの地域で海や河川の浄化やリサイクル活動、環境教育活動、緑化活動などに取り組んでいます。

今回の東日本大震災においても、これらのボランティア団体は大きな役割を果たしてくれました。その活躍についても、本書では追ってご紹介したいと思います。

以下の章では最新の事例を含め、ＥＭの活用法やＥＭがめざす社会のあり方をご紹介していきます。

第1章

着々と進む〝環境革命〟

農薬の恐ろしさを知り、微生物の研究へ

これまで説明してきたように、ＥＭは生命のあるなしを問わず、万物を蘇生《そせい》の方向へ導きます。そんな有用微生物群ＥＭはいまから約三〇年前に土壌改良剤として、いくつもの幸運と偶然が重なって開発されました。

当時はＥＭがこれほどの力をもっているとは夢にも思いませんでしたが、ＥＭの万能性が明らかになるにつれて、これは個人の利を目的に使ってはならず、ＥＭを世の中に役立て幸福度の高い社会の実現に貢献することこそが私の使命だ、という思いを強くするようになりました。

ＥＭを生活習慣的に使うということは、環境浄化や生活改善といった恩恵を個人的に享受できるだけではなく、身近な地域社会を変え、ひいては世界に、地球に変革をもたらすということにもつながるからです。

それがけっして大げさではないことをご理解いただくために、ＥＭ誕生の経緯から順を追ってご説明したいと思います。

ＥＭの着想を得たのは一九六八年のことです。当時、九州大学の大学院でミカンの研究に取り組んでいた私は、ミカンの品質をよくするためにホルモンや有機肥料などさまざまな材料を試していました。その過程でたまたま光合成細菌（のちにＥＭの主要構成菌となる微生物の一種）と出合ったのです。

光合成細菌を使って栽培したミカンは、糖度や酸の数値を調べてもとくにこれといった違いはないのに、実際に食べてみると不思議と味がよく日持ちもする。これは私の主観ではなく、周囲の人々もみんな同じ意見でした。これは何かありそうだと思った私は、国内で市販されているいろいろな微生物を集めはじめました。

ただ、そのころの私は化学肥料や農薬の信奉者で、有機農業や自然栽培などというのは農業の現場を知らない素人の理想論だと思っていました。

ですから、微生物に可能性を見いだしたといっても、そのときはまだ農薬や化学肥料に替わるものというほどの期待はなく、あくまで品質対策の一環として取り組んだのです。

ところがその数年後、私は身をもって農薬の恐ろしさを思い知ることになります。

大学院を終え、母校である琉球大学に講師として赴任し、助教授となった一九七二年ごろから、頭を動かすだけでだるく、虚脱感におそわれるようになったのです。病院で診断を受けると、「明らかに農薬の影響です。このままの生活を続けていると五〇歳まで生きられませんよ」と宣告されました。当時のミカン栽培は農薬を大量に使う方法だったため、現場指導を徹底して行っていた私自身も、知らず知らずのうちに農薬を浴びすぎていたのです。

化学肥料や農薬を必要悪として肯定していた私も、ここにきてさすがに考えを改めざるをえない状況に追い込まれてしまいました。農業従事者の健康や環境を守るうえでも、消費者に安全安心な農作物を提供するためにも、化学物質に頼りすぎてはいけない——。

そう痛感した私は、いままでサイドワークだった微生物の研究に本腰を入れはじめたのです。

微生物の組み合わせの妙から生まれたEM

作物の生長がうまくいかない、病気になる、病害虫が出るといった場合は、どこかで必ず強烈な酸化酵素をもつ腐敗性の有害微生物が関与しています。これを抑える有用な微生物を探し、増やしてまけばいいだろうという実に素人的な発想から、私の微生物研究は始まりました。

ところが本格的な研究に着手して間もなく、大きな壁につきあたりました。既存の微生物学の研究手法では、どう考えても農業の現場で役立つ技術は生み出せないことがわかってきたのです。

当時、微生物学者の世界では「微生物は一種類ずつ単独で扱う」ことが常識でした。一つの原因に対して一つの結果が対応する、というのが近代科学の根本的な考え方ですから、複数の微生物をいっしょくたに扱うなど、もってのほかということになります。

微生物の作用を調べようというなら、一種類ごとに因果関係を解明しなければ論文は書けないし、アカデミズムの世界で評価されることもないとされていたのです。

けれども実際には、微生物は共生する相手によって作用がまったく違ってきますし、いままでは異なる微生物の間でも遺伝子を交換することも明らかとなっています。たとえばEMのなかの〝超スーパー菌〟としてはたらく光合成細菌も、ふつうの腐敗菌と共生すると有害となって、その力を十分に発揮できない場合もあります。

したがって、微生物を実際の現場で役立てようと思ったら、一種類ずつではなく生態学的な〝組み合わせ〟で考えるのが当を得た判断であり、自然界もそのセオリー（共生）で成り立っているのです。

最初のうちこそ、私も「微生物は一種類ずつ単独で扱う」という定石にのっとって研究を進めていました。しかし微生物の有用性を調べるには、どんなにがんばっても一種類につき二年はかかります。私は当時、有効と思われる微生物を二〇〇〇種類以上も集めていたので、全部やっていては人生が何度あってもたりません。もしも、このやり方で研究を続けていたとしたら、ＥＭの誕生は不可能だったといえます。

そこで私は、類似の性質をもつ微生物をグループ分けし、安全性を厳しく検証したうえで、実用に耐えうる組み合わせを探すことから始めました。

ある組み合わせだと何十もの微生物をいっしょにできますが、性質のまったく異なる菌を一つでも入れると、あっという間に腐ったりする。一進一退の状態が続き、さすがに弱気になりかけていたころ、偶然の失敗ともいえる事件から、私の微生物研究は飛躍的に進歩しました。

一九八〇年のある日、出張のために急いでいた私は実験に使った微生物の混合液を、安全性が確認されているという理由から、付近の草むらと実験の番外のプランターにまいて、残りの液はペットボトルに入れて、そのまま出かけていきました。そして一週間ほどして帰ると、番外のプランターの山東菜が異常に茂っていることに気づきました。

もしやと思い、混合液を捨てた草むらを見ると、そこもケタ違いに繁茂している。ふだんからだれも触らない場所ですから、原因は私が何げなくまいた微生物の混合液以外にありません。微生物群のパワーをはじめて知った瞬間でした。

急いで実験室に戻りペットボトルを見ると、容器はパンパンに膨張して、いまにも爆発せんばかりの状態となっていました。一般にこのような膨張現象が起こると臭気の強いガスが発生し、その後の処理がたいへんです。ところが注意深く少しずつガス抜きをしたところ、アルコールとヨーグルトを混ぜたような芳香が漂ってきたので驚いてしまいました。

とりあえず溶液のｐＨ（水素イオン指数＝酸性・アルカリ性の度合いを示す数値）を測定すると、意に反して値はすでに三・五以下を超え、強い酸性を表していました。

微生物は一般的にｐＨが四以下の強酸性になるとノーマルな活動ができないという認識があります。常識的にはｐＨが三・五以下では、容器内の微生物はまず全滅とみて間違いありません。それでも私は念のためにと、液をプレパラートに載せて顕微鏡でのぞいてみました。

すると一瞬、わが目を疑いました。なんとこの劣悪な環境の中で混合された微生物のほとんどが生き残っていたのです。これがのちのＥＭの原点となる微生物群です。

いまにして思えば、これは生態的な増幅効果であって、自然界では当たり前の作用にすぎません。しかし研究室に閉じこもり、自然界には存在しない人工的な条件下で実験や検証を重ねていたら、いつまでもその力に気づくことはなかっただろうと思います。有用微生物群の発見は、まさに偶然から生まれた幸運だったのです。

けれども微生物の相互の因果関係の解明は遅々として進まず、この点を質問されると、まったく答えられない状況が続きました。

それでも、この微生物の混合液は再現性があり、比較的容易に増やせることがわかり、また現場での成果も目を見張るものがありました。

現場主義・実用主義の観点からみれば、重要なのは微生物の個別研究ではなく、複数の微生物を組み合わせたときの相互作用の研究であることは明白です。

私は早々に既存の研究手法に見切りをつけ、向こう一〇年は論文なんて書けなくてもいい、いくら邪道といわれようが効果があればいいと覚悟を決めて、微生物の〝組み合わせの妙〟を研究することにしたのです。

〝好気性〟と〝嫌気性〟微生物の共生関係がカギ

ＥＭは数々の幸運と偶然が重なってできあがったものですが、最大の難関は「なぜ微生物が安定的に生存できないとされるｐＨ三・五以下の強酸性下で、好気性微生物（酸素がなければ生きていけない微生物）と嫌気性微生物（酸素が大嫌いな微生物）が共存しているか」を、理論的に解明することでした。

結論から述べると、これはいくつもの条件が重なってはじめて成立する、まさに〝組み合わせの妙〟でした。

少し専門的な話になりますが、まず低いｐＨの原因は糖分をもとにＥＭがつくり出した有機酸であり、塩酸や硫酸のように無機の酸ではないため、この酸に由来する炭素源や水素源は、嫌気性の光合成細菌が活用することができます。一方、光合成細菌のつくり出す糖やアミノ酸は、乳酸菌や酵母などほかの好気性菌が活用できるのです。つまり、共生関係が成立するわけです。

同時に抗酸化作用をもつ微生物は、嫌気、好気を問わず、栄養の条件が整っていればpH三・五以下でもかなり長期に生存することができます。ここに植物と同じように光合成をする生産的光合成細菌が組み合わさると、互いの代謝物（排泄物《はいせつ》）がそれぞれの基質（エサ）となるため、ある一定以上の有機物があれば一〇年以上も共存することが可能であるということがわかったのです。

光合成細菌は、水田の底やドブの底など酸素の少ない汚れたところに生息していますが、このような場所では腐敗菌と共生しているため、その能力は帳消しになってしまいます。

その腐敗菌を切り離し、乳酸菌や酵母に置き換えることによって、あとに述べるような〝超スーパー菌〟としての能力を発揮するようになったのです。人間の世界もパートナー次第ですが微生物もしかりで、これはpHが三・五以下ではじめてできた妙技です。

ＥＭの効果は、光合成細菌が乳酸菌や酵母などの抗酸化機能をもった微生物とパートナーを組み、そのパートナーがほかの腐敗性の有害な微生物から光合成細菌を守ってくれるからこそ発揮できるものです。この場合、光合成細菌は栄養条件がよければ嫌気でも好気でも機能することができるようになります。

光合成細菌は、地球が高温で酸素がなく、放射能やメタンやアンモニア、硫化水素などの還元物質が満ちあふれていた時代に、主要な役割を果たした微生物の仲間です。したがって高温に強く、放射能のような強いエネルギーを活用し、多くの有害な還元物質を糖やアミノ酸に変え、環境をクリーンにするという特質をもっています。

しかも、栄養条件の整った環境で紫外線やガンマ線などの強い放射線を当てると、光合成細菌の増殖が促進されることも明らかになっています。これが福島第一原発事故の被災地における数々の成果をもたらしています。超スーパー菌である光合成細菌が安定的に機能するように組み合わせた結果であり、ＥＭの総合力ともいえるものです。

無害で幅広く活用できるＥＭの使い道

初期のＥＭは、自然界に存在する光合成細菌、酵母菌、乳酸菌、発酵系の糸状菌、グラム陽性の放射菌の五グループから、安全性が確認された八〇余種の微生物を糖蜜《とうみつ》で培養し共存させたものでした。

ところがＥＭが世界的に広がりはじめた一九九〇〜一九九五年にかけて、各国の植物防疫機関から「八〇余種もの微生物の安全性を確認するのは、人的にも予算的にも無理があるため許可できない」といわれ、必要不可欠な微生物を特定する必要に迫られました。

そこでさらなる実験を重ねた結果、最終的には、生産的役割を果たす光合成細菌と、発酵分解機能をもち有機酸やアルコールを産出する乳酸菌と酵母は絶対に必要だが、それ以外の微生物は自然界からの飛び込みでも効果が認められるので、とくに確認の必要はないという結論にいたり、現在のＥＭの原型ができあがりました。

自然界には天文学的な数の微生物が存在しているのに、たかだか数十種のＥＭに、なぜそんな影響力があるのかと、疑問に思われる方もいると思います。

よくよく調べると、自然界の微生物の大半は蘇生型にも崩壊型にもなりうる日和見《ひよりみ》的な性質をもっているものが多く、勢力の強い微生物のいいなりになることがわかっています。

したがって、蘇生型の微生物の代表的なものが優勢になるように環境条件を整えて繁殖させてやると、ほかの菌はすべて右へならえで連携し、有害な微生物を村八分にして、はたらかないようにしていきます。

ＥＭは組み合わせの妙で蘇生型のボス的微生物の集合体となっているため、その力をある一定以上に高めると、現場に最初からいるノンポリの微生物をリードして、微生物相全体を蘇生の方向に変換させることができるのです。ＥＭの使い方のキーワードが「効くまで使う」ということになっているのも、そのためです。

ＥＭを実際に活用する場合、基本となるのはＥＭを構成する全微生物がバランスよく含まれる「ＥＭ一号」で、ふつうはこれを単にＥＭと称しています。もともとは農薬や化学肥料の代替技術として開発したものですが、畜産用としても国の認可を受けており、土壌改良、悪臭除去、衛生管理、水質改善など幅広い分野で活用されています。

ＥＭ一号は原液のまま使うだけでなく、自分で培養して増やすことができるのが特徴で、その方法はパンフレットやホームページなどで詳しく公開しています。ＥＭを糖蜜で培養したものは「ＥＭ活性液」、米のとぎ汁に糖蜜を加え発酵させたものを「ＥＭ発酵液」と称していますが、基本的効果はどちらも変わりません。一般家庭でも五〇～一〇〇倍程度までならかんたんに増やせるし、専用の装置を使えば五〇〇〇～一万倍まで拡大培養できるので、ローコストでじゃんじゃん使うことができるのです。

また、ＥＭを混合した粘土を高温で焼成した「ＥＭセラミックス」というものもあり、用途によってさまざまな形状（リング状、パイプ状、粉末状など）があります。ＥＭセラミックスの特性や用途については、のちほど詳しく紹介します。

環境問題の究極は水質汚染である

人口の増大と産業の成長にともない、環境問題は世界中で深刻化するばかりです。工業排水や大気汚染については、かなり厳しい規制が課されるようになりましたが、それを守らない巨大な国がいくつかあり、世界中の汚染源となりはじめています。

その象徴的な現象が、水の汚染です。地球上のすべての汚染は、最終的には降雨や産業排水、生活排水となって、川や湖沼、海の汚染を引き起こします。その結果、生態系は破壊され、貧弱なものとなり、そのうえに成立している生物多様性が危機に陥ることになります。

自然界において水質が適切に保たれているとき、その生態系は微生物を底辺とするピラミッドにより成り立っています。つまり微生物の生産物をプランクトンが食べ、プランクトンを小動物や小魚が食べるという食物連鎖によって、水は自然に浄化されているのです。

ところがそのピラミッドの底辺を支える微生物の多様性が減少したり、腐敗型微生物が優先したりすると有害プランクトンが発生し、同時に生態系の浄化力が低下し、生態系を保つための栄養や酸素の減少によって、さらに生態系が破壊されるという悪循環に陥ってしまいます。

このように腐敗型微生物が優先するようになった海や河川の浄化において、もっとも簡単に、お金をかけず、確実に効果を出せるのがＥＭです。

ＥＭを投入すると、水中の汚染物やヘドロなどが発酵分解され、多様な抗酸化物や、さまざまな生物が利用可能な糖類やアミノ酸といった栄養に転換されるため、食物連鎖の生態系ピラミッドが大きくなります。ＥＭを構成する光合成細菌は、ヘドロの分解過程で発生するアンモニアやメタン、硫化水素などの有害物質をエサとして、有用な動植物プランクトンを爆発的に増やす力をもっています。

つまりＥＭは、水質汚染源を水質浄化源に変える力をもっている。そのため従来の常識に反して、汚れた川や海ほど魚介類が増え、生態系が豊かになり、生物の多様性が守られるという奇跡的な現象を起こしてくれるのです。

こうした特性をもつＥＭは、早くから海や河川の環境対策、水産養殖などに活用され、国内外において多くのめざましい成果をあげてきました。その代表的な取り組みをいくつかご紹介します。

ヘドロまみれの日本橋川が劇的に甦った理由

まずは東京・日本橋川の水質浄化プロジェクトです。

ほんの数年前まで、ヘドロが堆積《たいせき》し、汚い、臭い、危ない川として住民に見捨てられていたこの川に、いまやボラやスズキやウグイが群れをなして泳ぎ、アユやサケの遡上《そじょう》まで目撃されている。にわかには信じがたい話でしょうが、まぎれもない事実です。

東京の日本橋川は、神田川から分流して隅田川に注ぐ四・八キロメートルの一級河川です。江戸時代には水運の要《かなめ》として機能し、戦後間もなくは釣りや遊泳が楽しめる川でしたが、東京オリンピックのとき真上に高速道路が架けられ、川岸はコンクリートのいわゆるカミソリ堤防で固められたことで、日当たりの悪い、生物のすめない不健康な川になり、大雨の際にあふれた下水を排水するための川になってしまいました。

そんな日本橋川がＥＭによって劇的に甦《よみがえ》ったのです。

この地域では、もともと「名橋『日本橋』保存会」の方々が毎年七月に橋洗い行事を行っていましたが、その活動にはつねに「橋を洗う合成洗剤が川を汚すのではないか」という懸念がつきまとっていたといいます。

　そんなとき保存会メンバーの一人が、たまたま川や海をきれいにする「ＥＭシャボン玉石けん」の存在を知り、二〇〇五年から橋洗いに活用することになりました。さらに翌年には、せっかくだから橋だけでなく日本橋川そのものもＥＭできれいにしようという案がまとまり、本格的な浄化プロジェクトが始まったのです。

　システムとしては、千代田区の協力で堀留橋の近くにＥＭ活性液装置を設置し、週一回一〇トンのペースで日本橋川にＥＭ活性液を投入するという単純なものです。また、橋洗いをはじめとする各種イベントの際には、ＥＭ活性液とＥＭボカシを土だんご状にした「ＥＭだんご」の投入も行われています。


　成果はすぐにあらわれました。周辺住民を悩ませていた悪臭は数か月でまったく感じなくなり、ヘドロの大半は半年で消え、これまで認められなかったミジンコやイトミミズ、ゴカイなどが発生し、小魚が群れをなすような劇的な変化があらわれたのです。一年後には大腸菌も極端に減って、水質は「水泳可」のレベルにまで改善されました。

　二年目の中盤以降は、集中豪雨が頻繁に起きても以前のように悪臭を発することがなくなり、貧酸素状態で一時的に底性生物が減少しても数日で回復するなど、生態系の多様性が安定的に保たれるようになりました。

そして二年目も後半となると、私は日本橋川で清流の象徴ともいえるアユの姿を確認したのです。そのときはだれも信じてくれませんでしたが、あとになって魚に詳しい数人から、たしかに日本橋川にアユがいたという情報が寄せられました。

さらに二〇一〇年の一一月末に、私は日本橋川に見慣れない魚影を発見して写真に収めました。あとで調べるとそれはサケの群れであることがわかり、再度調査して専門家に見てもらったところ、間違いなくサケという判定をいただきました。

ＥＭを投入するようになってから、日本橋川ではアユなどのエサとなる藻（珪藻《けいそう》）が育つようになり、水質もすでにヤマメやイワナがすめる水産一級のレベルになっています。アユやサケがいても驚くことではありません。私は最初から「日本橋川では数年のうちにアユ釣りができるようになる」と宣言していましたが、これまた当初はだれも信じていませんでした。

このような成果を受けて、二〇一一年三月に日本橋川に地域の児童と協力してサケの稚魚を放流することになっていましたが、東日本大震災によって、稚魚を提供する予定だった福島県の養殖場が破壊され、やむなく中止になりました。

それから一年を経て、二〇一二年の三月一〇日に、一〇〇〇匹あまりのサケの稚魚が放流されました。三、四年後が楽しみです。子どもたちに夢を与え、都市の環境ロマンとなるものと期待しています。

また、日本橋川の上流に位置する外濠《そとぼり》も汚染がひどく悪臭を放っていましたが、EMだんごを五〇万個投入し、EM活性液を上流の市ヶ谷濠に入れたため、外濠はどこも非常時の生活水に使えるレベルまできれいになりました。

このように首都のお濠や池や川を非常に使える水に浄化することは、近い将来の大震災に備える危機管理の一環でもあります。なお内濠については、環境省の許可が得られないため、手つかずとなっています。

EMを投入した水域にはアユが戻ってくる

日本橋川には、これまでに計二〇〇〇トンあまりのEM活性液と約三〇万個のEMだんごが投入されてきました。その影響は日本橋川のみならず周辺の全水域に及んでいます。

日本橋川の水は、満潮時には神田川に逆流し、やがて隅田川に合流します。隅田川から東京港へ流れ込んだEMは、浜離宮から浜松町のモノレール沿線沿いに流れ、古川、目黒川、立会《たちあい》川、呑《のみ》川、海老取《えびとり》川やそのまわりの運河をきれいにし、一部は多摩川に抜けていきます。

それらの地域に広がったEMは東京湾の満ち潮によって東京港へ逆流し、お台場の海浜公園をきれいにしています。いまでは東京港に面する砂浜は、どこでもアサリやムール貝などたくさんの貝類がとれるようになっています。

数年前に神田川でアユが発見されたというニュースがNHKで大きく報じられましたが、これは日本橋川に投入したEMが神田川に流れ込み、悪臭を放っていた神田川が日本橋川と同じようにきれいになったからです。日本橋浄化プロジェクトが始まって以来、神田川を含め川の悪臭に対する住民の苦情は皆無という状態です。

二〇一二年四月に東京スカイツリーが開業したのを記念し、隅田川で水上パレードが行われた際に、すっかり悪臭が消え、魚の姿が舞うきれいな隅田川の姿を目の当たりにして、かつての状態を知っている人は驚嘆していたという話がよく聞かれました。

いまでは隅田川の水流に影響を受けている場所は全域きれいになり、釣りを楽しむ人々が急激に増えています。

また近年、多摩川にサケが上ったとか、アユが数百万匹上ったなどと話題になっています。東京都は認めたがりませんが、私はこれもEM効果だと思っています。たしかに多摩川などでは、東京都も高品質水のろ過などに取り組んでいますが、水温も高いし、ふつうに考えればアユが爆発的に増えるような環境ではありません。それが一気に二〇万匹前後から二〇〇万匹になったというのは、間違いなくEMの影響だと確信しています。

こう断言するのには、もちろん根拠があります。詳細はあとで述べますが、日本橋川プロジェクトに先だって、私たちは全国各地で河川の浄化に取り組んできました。その結果、どの場所でも例外なく水質の改善や生態系の回復が報告されているのです。

とくに愛知県の三河湾に流れ込む矢作川《やはぎ》では、流域の自治体やボランティアがEMを本気で投入しはじめて三年目から、天然アユが六〇〇万匹以上上ってくるようになり、日本でもっともアユが釣れる川とまでいわれるようになりました。地元の内水面漁業協同組合の積年の赤字も、たった二年で消えてしまいました。

「EMを本格的に投入すると、どこでも二～三年でアユが戻ってくる」というのは、いまやEM関係者の常識となっています。

市民の力が結集した「伊勢湾・三河湾浄化大作戦」

もともとEMによる環境浄化は、生活のなかでEMを使い、生活排水をEM化するという間接的なものでした。つまり各家庭が掃除や洗濯、生ゴミ処理、あるいは農業や下水処理などにEMを活用すると、良質の蘇生型微生物を含んだ排水が海や河川に流れ込み、結果として水質の向上に結びつくというしくみです。

その効果が抜群なため、個人レベルからNPOや行政レベルの取り組みに発展し、いまでは海や河川に直接EMを投入している事例も多くなっているのです。

すでにご紹介した愛知県の三河湾一帯でも、昔から数々のEMボランティアが活動を行っていました。その一つである三河湾浄化市民塾は、「EMを活用した市民一人ひとりの具体的な行動で三河湾を浄化しよう」というスローガンのもと、二〇〇一年に立ち上がった組織です。

当初は愛知県岡崎市内の授産施設でのEM活性液づくりが中心でしたが、河川浄化活動の波は安城《あんじょう》、西尾、刈谷、一色、幡豆《はず》、蒲郡《がまごおり》などへも大きなうねりとなって広がり、いまでは二〇〇〇～三〇〇〇人の市民が参加する大規模な自主的環境浄化活動に発展しています。

さらに伊勢湾と三河湾に挟まれた知多半島エリアでは「湾・ワン市民塾」が、また対岸の三重県四日市市ではドブ川をきれいにしてアユを甦らせた「阿瀬知川を美しくする会」がそれぞれ立ち上がり、ＥＭ生活を通して三河湾や伊勢湾一帯の水質浄化の活動を続けています。

二〇〇九年九月には、ＮＰＯ法人イーエム市民広場の呼びかけのもと、東海地区で活動するこれらのボランティアグループが結集して、「第一回伊勢湾・三河湾浄化大作戦」が決行されました。

当日は約一二〇団体、三〇〇〇人のメンバーが、三重県と愛知県の約五〇か所でいっせいにアクションを起こし、集まった市民とともに、計およそ五万個のＥＭだんごと九〇トンのＥＭ活性液を伊勢湾・三河湾と各地の河川に投入しました。

こうして多くの市民が活動を続けてきた結果、前述のとおり矢作川には大量の天然アユが遡上し、三河湾では絶滅したのではないかと思われていた、きれいな海でしか生息できない小型のイルカ「スナメリ」が群れをなして回遊する姿も、たびたび目撃されるようになりました。

四日市コンビナートを抱える伊勢湾も、ＥＭ浄化活動のおかげでアサリが育つ元気な海になり、休日は潮干狩り客で交通混乱をきたすようになっています。ヘドロや悪臭に悩まされていた四日市の阿瀬知川でも水質が改善され、いまでは山の清流のようになって、アユが泳ぐ姿が多く目撃されるようになっています。


伊勢湾・三河湾浄化大作戦の成功を受けて、ＥＭだんご投入のイベントが全国に飛び火したのもうれしい成果の一つです。

なかでも最大規模となったのは、二〇一〇年七月一九日（海の日）に実施された「全国一斉ＥＭだんご・ＥＭ活性液投入」です。

この日は北海道から沖縄まで三六都道府県・三五七団体・一万二七五〇人の参加者が、約五三万個のＥＭだんごと約三二万リットルのＥＭ活性液を海や河川に投入しました。その効果もあり、三重県では藻場の復活も確認されるようになりました。

二〇一一年も、「第二回全国一斉ＥＭだんご・ＥＭ活性液投入」が全国レベルで開催されました。参加人数や参加団体は震災の影響もあって、ほぼ前年並みにとどまったものの、側溝や学校のプールなどへの投入も含めて集計したところ、EM活性液の投入量は七一万リットル以上と前年の倍以上となりました。そのうち愛知県名古屋市熱田区の「宮の渡し公園」で開催されたイベントには、愛知県の大村秀章知事らとともに、私もゲストとして参加させていただきました。

一〇以上のボランティアグループと約三〇〇人の一般参加者が、堀川に向かって次々とEMだんごやEM活性液を投入していく姿は圧巻で、最後はみんなで「EM、がんばれー!」「EM、頼むぞー!」とEMに声をかけて締めくくるという、非常に活気あるイベントとなりました。

ゲストとして参加してくださった大村知事は「歴史的にも由緒ある宮の渡し公園を市民が集える水辺にしたい」と抱負を語り、公務のため出席できなかった河村たかし名古屋市長からも「堀川がきれいになっているという報告は受けているので、もっと頑張ってもらいたい」という直筆の激励メッセージをいただきました。

この様子は地元テレビ局（CBC）でも取り上げられ、「EMだんごが環境浄化の救世主となる!?」と期待を込めて報道されました。

こうした大規模なイベントは環境浄化に貢献するのみならず、市民の啓蒙《けいもう》にも一役買っています。ＥＭだんごを投入した子どもたちは、必ずその川や海がきれいになるかどうかという関心をもつようになる。そのことが環境意識を育て、最終的にはＥＭ生活にたどりつくようになるのです。

島民が一丸となってＥＭによる地域活性化

四国もＥＭファンの多い地域で、愛媛県の学校プールへのＥＭ使用率は発祥の地である沖縄県を抜いて日本一、ほかの三県も全国のトップグループに入っています。

特筆すべきは、多くの小中学校が教育の場にＥＭを取り入れていることです。学校のプール清掃にＥＭ活性液を使ったり、環境教育の一環としてＥＭだんごをつくって川や海に投入したりしている。そのため四国で育った子どもたちの大半が、ＥＭはかんたんに使えて、しかも抜群の効果を生むことを知っています。

おかげで役所の対応も変わってきました。二〇年ほど前にＥＭを提案したときには、バブル期で予算に困っていなかったこともあって「ＥＭでなくても、従来の高くつく方法でかまわない」という反応でしたが、いまではＥＭで育った子どもたちが成人して世代交代したために、どんどんEMを使おうという流れになり、完全に市民権を得ています。

家庭においても、EMに反対していた人の子どもが学校でEMにふれ、奥さんも影響を受けてEMを使うようになって、家でEMの悪口をいうと家族に総スカンをくう。そんなマンガみたいな時期がありました。かつては強硬にEMに反対していた人が、行政のなかでEM推進の中核を担っているという例もめずらしくありません。

そんな愛媛県の上島町弓削《ゆげ》島からは、EM活動によりアサリが戻って、地域が活性化したという報告も寄せられています。同様の話は全国に多々ありますが、弓削の場合はその活動が島全体に広がり、人々が「EMで甦らせた島」として確たる誇りと自信をもっていることが特徴であり、EMの生活化と社会化の代表例ともいえますので、詳しくご紹介したいと思います。


事の始まりは、大阪で働いていた村瀬忍さんが定年後、島に戻って島のために余生を尽くしたいと考えたことでした。島に戻ると区長に選ばれてしまい、あまりにも汚くなった海を見て、何とかせねばと思ったそうです。

最初は手さぐり状態でしたが、広島EM普及協会の協力のもとで浄化活動に取り組んだところ、二年目には絶滅危惧《きぐ》種のハクセンシオマネキが戻ってきました。これに手ごたえを得た村瀬さんは、二〇〇五年に「ＮＰＯ法人ゆげ・夢ランドの会」を設立し、会員二五〇余名のほか小中高校も巻き込んで島ぐるみの運動を展開しました。

その結果、なんと七月には引野の浜でもハクセンシオマネキが大量に発見され、翌年八月にはついに「アサリが戻ってきた！」となったのです。

その後、アマモを中心とする藻場が復活し、絶滅したかと思われていたタイラギ（タチ貝）が多数回復しているのも確認されました。さらにこれら一連の活動がＮＨＫをはじめ多くのマスコミに取り上げられたことで来島者が増加し、島の活性化にもなったのです。

二〇一〇年に開催された「四国ＥＭフェスタ」では、地元の愛媛県立弓削高等学校の文化活動部理科研究会の生徒三名が、「ＥＭが自然環境に及ぼす効果についての研究」と題するすばらしい発表をしてくれました。

彼らは小学校五年生のころから「ゆげ・夢ランドの会」のＥＭ活動に参加し、実際に海がきれいになって生態系が豊かになっていくのを目の当たりにしてきました。そこで、ＥＭの不思議な作用を解明しようと、新しい活性液と一年以上前の古い活性液を材料に、ＥＭの機能解明に挑んだのです。

内容について詳述するのは控えますが、この研究は日本の学者がだれも行わなかったEM体験記となっており、まとめ方いかんでは大学院の修士レベルでも通用するもので、さまざまなEMの機能の核心にふれているものでした。

このほか長崎県でも、諫早《いさはや》湾問題をきかっけに海に面する各市町村がEMによる海の浄化に取り組み、多大な成果をあげています。県浄連もその成果を認め、積極的に協力するようになりました。諫早湾海域では閉門以前よりも漁獲高が増えています。

マレーシアでも一二〇万個のEMだんごを投入

EMだんご投入イベントは、国内のみならず国外にも広がっています。

マレーシアのペナン州は以前からEMによる州づくりを行っており、一次・二次産業や環境全般はもとより、女性・家族・地域社会開発省では「EM生活」を積極的に進めています。

そんなペナン州から、州首相の招待状を携えたパク・スーさんが訪ねてきたのは二〇〇九年二月のことでした。「マレーシア全体をEM化する手始めとして、今年八月八日にペナン州でEMだんごを一〇〇万個投入するイベントを行いたいので、ぜひ参加してもらいたい」というのです。

一〇〇万個ものEMだんごを投入するというのは日本でも前例がなく、最初に話を聞いたときは、とても無理だろうと思われました。ところが依頼に応じて八月にペナン州を訪れてみると、EMだんごは一〇〇万個どころか一二〇万個に達しているという報告を受け、ペナン州の本気度がひしひしと伝わってきました。

一〇〇万個以上のEMだんごをつくることは容易なことではありません。企画を立てたスーさんも、州政府や各企業、学校、団体に対し協力をお願いし、積極的な賛同を得て始めたものの、一〇万個のレベルで行き詰まってしまったとのことです。

ところがある日、九歳になる小学校の女の子がスーさんを訪ねて来て、「私たちは環境を汚し地球に申しわけないことをしています。地球におわびをするとともに、私たちもEMだんごづくりに協力します」という申し入れがあり、スーさんは勇気百倍、その少女の言葉をきっかけに「地球におわびの証し」としてのEMだんごづくりが急速に進み、七月末には一〇〇万個を達成することができたそうです。

一〇〇万個のEMだんごができあがったので、もうつくらなくてもいいという連絡をしたら、だんごをみんなでワイワイガヤガヤつくることがとても楽しいのでつくりつづけますというグループが多く、とうとう一二〇万個を突破してしまったということです。

こういう土地柄ですから、ペナン州首相のEMに対する知識はきわめて高く、関係大臣もEMに絶対的な信頼を寄せています。イベントの実施に先立って、私と州首相は「八月八日は〝世界EMだんごの記念日〟とします」という大きな証状にサインをし、固い連携を誓い合いました。

中華系が大半を占めるペナン州では、八は末広がりの発展を示す意味で使われていますが、八月八日はダブルの八という特別に発展を記念すべき日として設定されたものです。


こうして迎えたイベント当日、一二〇万個のEMだんごは約一万八〇〇〇人の人々によってペナン州の汚染された河川や海岸に投入されました。ペナン州はリタイアした日本人がマレーシアでもっとも多く住んでいる地域でもあるため、かなりの数の日系人がEMだんご投入に参加してくれたほか、日本総領事館にも積極的な協力をいただきました。

このイベントに対し、地元七紙は二〜四ページの特集を組み、テレビ、ラジオを含め大々的に報道してくれました。そのためペナン州では一挙にEMを知らない人はいないという状況になったのです。

地元紙はもとよりマレー全土にこのニュースが流れたため、ＥＭの情報を確認しないまま「ＥＭを大量に施用する方法は微生物の生態系を乱すうえに効果も疑問」という大学の専門家のコメントも出て、論議も盛り上がったようです。

もちろんそんな心配は杞憂《きゆう》で、数か月後には抜群の効果が確認されたため、地元ではＥＭを疑う人は皆無となったばかりか、ＥＭだんごづくりは全州的なものとなって、これまでまったく交流のなかった人々や団体の輪が大きく広がったそうです。

その社会的効果は多様で深いものとなり、ペナンの州づくりや町づくりの大きな基礎として機能しはじめています。

グアテマラ「世界一美しい湖」の浄化に成功

ＥＭは「世界一美しい湖」ともいわれるグアテマラのアティトラン湖でも活用されています。アティトラン湖はかつて山紫水明の地とたたえられ、中米でも有数の観光地、高級別荘地として名をはせていました。しかしこの湖には首都グアテマラシティの排水がすべて流れ込んでしまうため、人口増加にともない汚染は深刻となり、一面にアオコが張って魚もとれなくなって、いつしか悪臭漂う死の湖になっていました。

そこで政府はEMによる水質浄化に乗り出しました。スペインの助力を得てバイオフィルターシステムを設置し、そこにEMを併用することで、市街地から流れてくる生活排水を浄化したのちにアティトラン湖に流すことにしたのです。

具体的には、川をせき止めるかたちで五ヘクタール程度のオーバーフロー方式の原水池を五基設け、そこにEM活性液を週に二～三トン投入する。その上ずみ液を、水生植物が生い茂ったプラスチック池に通して三～四日後に本川と合流させて湖に流す。この処理を、雨期には川の水の一〇分の一、乾期には全量にほどこします。その結果、アティトラン湖に流入する沈殿有機物は七五％も減少しました。

EM投入の九か月後に私が現地を訪れたときには、すでにアティトラン湖は緑青の美しい湖となっていました。風下のアオコが集まるあたりには濃緑のアオコがまだ残っていましたが、水面に浮いているアオコは皆無で、悪臭もまったくありませんでした。

美しい景観のみならず、生態系も甦りつつあります。EMを投入すると水のクラスターが小さくなるため、アオコは水面に浮くことができず、おぼれて沈んでしまいます。沈殿して湖底で死滅したアオコはEMによって分解され、動植物プランクトンのエサになる。こうして汚染の象徴だったアオコが食物連鎖の基礎となり、生態系を豊かにする力となります。私が視察した日も、湖畔では多数の人々が釣りを楽しんでいました。

アティトラン湖の水は河川となって一二〇キロメートル先の太平洋へと流れていきますが、下流では多くの人々がその水を使って生活しています。グアテマラシティから流れ出た汚水がEMで浄化され、アティトラン湖でさらにきれいになって、その下流の人々の健康を守り、いくつもの合流河川を清めつつ、最後は海まで浄化する。想像するだけでもEMのロマンはつきないものです。

ニカラグア、アメリカでの環境対策への活用

同じく、中米のニカラグアでも環境対策全般にEMを活用しています。

もともとニカラグアは数々の環境汚染を抱える国ですが、ゴミ処理や農業の分野で官民一体となってEMを活用することで、徐々に深刻な状況から脱しつつあります。

「世界でもっとも汚れた湖」といわれるほど汚染が進み、ＪＩＣＡ（国際協力機構）から派遣された環境学者をして「一〇〇年でもきれいにすることは不可能」といわしめたマナグア湖の水質も、グアテマラのアティトラン湖と同様の浄化システムを設置したことで改善に向かい、一〇年後にはもとのきれいな湖に戻ると予測されています。

数年前、パイプラインの損傷によって大規模な石油汚染が発生した際も、ニカラグアではすぐさまＥＭによる対策が実行されました。家畜の糞尿《ふんにょう》にＥＭを加え、臭気が完全に消失した段階で汚染土壌全体にしみ込むようにＥＭ処理糞尿を散布し、一～二か月たって効果が十分でない場合は再処理を行うという方法です。

結果、数回の施用で石油汚染は完全に解消され、ＥＭによる石油汚染対策は国のマニュアルとして正式に採用されることになりました。

このようにＥＭが油脂類を分解することは数々の事例で実証されており、ＥＭによる石油汚染対策はニカラグア以外の国々でも広く行われています。

古くは一九九七年に福井県沖で起きたナホトカ号による重油汚染事故でも、ＥＭボランティアが一〇〇メートルにわたって海岸にＥＭボカシとＥＭ活性液を散布しました。すると重油は数か月で分解され、翌年にはＥＭをまいた場所だけに魚介類が復活したのです。

また、二〇〇三年にパキスタンのカラチ海岸で起こったタンカー事故の汚染対策にもＥＭが使われており、ＥＭは石油汚染対策の国際基準になりはじめています。

国の内外を問わずＥＭ活動の基本となっているのは有機物の再資源化、すなわち生ゴミや糞尿を処理して有機肥料や家畜の飼料などにリサイクルすることです。これが有機農業を推進する原動力となり、環境問題やエネルギー問題の解決にも結びつくからです。

ゴミ問題が深刻化しているのは、広大な国土をもつアメリカでも同様で、はるか水平線のかなたまでゴミの埋め立て地が続くような状況となっています。この問題に対処すべく、同国ではゴミから発生するメタンガスで発電を行うといった試みもなされていますが、私にいわせれば次善の策でしかありません。

ゴミからエネルギーを取り出すというのは一つのアイデアではありますが、発電所周辺の悪臭問題や環境悪化を考慮すると、けっして割に合うものではありません。それよりもＥＭでゴミを処理して有機肥料化し、それでトウモロコシを栽培するほうがずっと効率がいい。なぜならＥＭで処理した有機肥料を使えばトウモロコシの収量を数倍にすることも可能であり、収穫したトウモロコシはバイオ燃料やプラスチック、建築材、紙、家畜の飼料など多目的に利用できるからです。

この考えに共感してくれた方々の力によって、アメリカでもEMによるゴミ処理が浸透しつつあります。ニューヨークではNPOが中心となって生ゴミのリサイクルを推進し、カリフォルニアでは州の支援を受けた日本人起業家が有機ゴミリサイクルセンターを建設しました。もちろん再資源化された有機肥料は各地で活用され、農作物の増収や病害虫の抑制、農場周辺の環境浄化など多くの成果をあげています。

世界初！〝完全無農薬〟を維持するゴルフ場

国内に目を戻すと、近年はゴルフ場が芝生の管理などにEMを活用するケースも増えています。沖縄県の北部には海洋博時代に建てられたグリーンパークというホテルがあって、「人と環境にやさしい」をテーマにしたゴルフ場を併設しています。ここは約二五年前からEMを使いはじめ、一〇年前からは農薬をいっさい使わない、業界初の無農薬ゴルフ場になりました。

ホテルの老朽化にともない一時は客足が遠のいていたものの、ゴルフ場が健康的に甦り、また建物自体もＥＭで補修してリニューアルしたことで、グリーンパークはすっかり元気を取り戻しました。

お客さんだけではなく、従業員からも喜びの声が上がっているそうです。何しろゴルフ場にＥＭを散布して歩けば自分にも降りかかります。これが農薬だったらたいへんなことですが、ＥＭならまったく無害ですから、仕事のストレスは段違いに軽減されたことと思います。

とはいえＥＭを導入したばかりのころは苦労も多かったそうです。いまでこそＥＭはノウハウが確立していますが、二五年前といえば普及が始まって間もないころですから、ＥＭをまいたら芝だけでなく雑草まで勢いよく生長し、その処理に頭を悩ませるなど、試行錯誤の連続だったといいます。

それでもＥＭを信じ、効果が出るまで使いつづけた結果、しだいに土壌が豊かになり、根の張りが強くなって虫や菌に負けない理想的な芝生ができあがりました。私がつねづねいっている「ＥＭは効果が出るまで使え」という言葉を信じて根気よく取り組んでくれたからこそ、現在のグリーンパークがあるのです。

完全無農薬になって一〇年、いま、このゴルフ場の土中にはミミズが育ち、それを目あてに野鳥が訪れます。鳥が虫をついばむことで土中に酸素が送り込まれ、芝の根がさらに強くなるという、自然のすばらしいサイクルが生まれています。

ＥＭで変わったのは土や芝生だけではありません。信じがたいことに、このゴルフ場の池には絶滅寸前の琉球メダカがすんでいます。もともと池には散布用のＥＭ活性液がためてあったのですが、それを一度全部抜いて、あらためてＥＭ活性液と自然の水で浄化したところに琉球メダカを放ったら、一〇年ほどで七〇匹が三万～四万匹にまで繁殖したというのです。野鳥にしてもメダカにしても、農薬を使っているゴルフ場では絶対に考えられないことです。

このほか三重県の津カントリー倶楽部でも、農薬をいっさい使わずにＥＭで芝生を管理するようにしたら、下流の村にホタルが飛ぶようになったという報告が届いています。類似の例は三重県内にかなり広がっています。ひと昔前までゴルフ場は自然破壊の象徴だと目のかたきにされていましたが、ＥＭを使えばむしろ周辺の環境に好影響を及ぼし、豊かな自然を甦らせることすらできるのです。

神社仏閣の尊い自然環境もこれで守れる

大仏様で有名な奈良の東大寺――ここでも、ＥＭが活用されています。

東大寺の境内は高低差の大きい傾斜地に位置するため、酸性雨の被害がひどくなりはじめた三〇年ほど前から豪雨時の土砂流出が切実な問題になり、樹木の枯死も目立つようになりました。

南大門から中門の間の松もいちじるしく衰弱し、マックイムシ対策などさまざまな対策を行ったものの、年々劣化の一途をたどるばかり。同時に境内の池の汚染も深刻となり、ヘドロの除去やエアレーション（通気法）などの効果もあがらず、鏡池とは名ばかりの、薄茶色で悪臭を発する池になりはてていました。

そんなとき東大寺の担当執事であった狭川《さがわ》普文《ふもん》さんがＥＭの存在を知り、ＥＭボランティアの協力を得て長池などでＥＭの活用を試みたところ、たしかな手ごたえがあったため、二〇〇七年一二月、境内にＥＭを活性化する自動培養装置「百倍利器ジャスト」を設置して本格的に取り組むことになったのです。その後、二次、三次培養のための専用タンクも増設され、現在では三名の専従が境内の環境管理を徹底して行っています。

自家培養したEMは、松や杉などの樹幹にEMセラミックスと混ぜて塗布したり、境内の土や池に直接まいたりしているほか、修二会（お水取り行事）の生ゴミリサイクルや鹿の糞尿対策、附属幼稚園の子どもたちの環境活動などに幅広く活用されています。

もっとも早く効果があらわれたのは池の水質改善でした。EM投入後わずか四か月で大腸菌がゼロになり、プランクトンの異常繁殖もなくなって、水面には大仏殿の姿が美しく映える、鏡池の名に恥じない本来の姿を取り戻したのです。

衰弱が進んでいた松も若葉がさかんに生え、樹皮が若返り、見違えるほど元気になりました。二〇一〇年には土砂の流失も完全に止まり、土壌が豊かになったことで緑が復活するきざしも見えはじめています。また、カワニナやホタルの幼虫を育成する助けにしようと、EM処理した野菜やEMだんごを境内の小川に投入したところ、早くもその年の六月には驚くほど多くのホタルの乱舞を見ることができたそうです。

日光東照宮の杉や、日本最古の神社といわれる奈良県大神《おおみわ》神社の杉の御神木の復活にも、EMの活用が試みられています。とくに大神神社の成果はめざましく、衰弱した御神木は甦り、いまでは御神体である三輪山の山頂からEMを散布するようになりました。山頂にEMをまけば雨水で下方まで広がるため、平地よりもかんたんで効率がよく、山林の生態系保護にも決定的な力を発揮するものと期待されています。

こうした環境保全になぜEMが効くかといえば、まず、老齢樹が衰弱するそもそもの原因は、化学物質や酸性雨などによる汚染の結果、環境全体が酸化し、秩序の破壊が進むことにあります。このような状況は連鎖的に起こるため、多くの場合は土壌や水中の微生物も酸化型、つまり強い酸化酵素を出す種類が優占するようになっていきます。

これを根本的に解決するには、EMのように抗酸化機能の高い微生物群が優占するように、環境中の微生物相の管理を行うしかありません。そうすれば強烈な酸化作用をもつ化学物質も、分解されたり反応しなくなったりし、同時に、その反応を促進していた有害な微生物相も機能しなくなり、秩序化が正常になり、蘇生化するのです。

東大寺や大神神社の実績を受けて、かなりの数の神社・仏閣が池の浄化や樹木の管理、文化財の保護などにEMを使いはじめています。神社・仏閣の木が枯れると人の気も枯れ、「いやしろ地」(何でもいやす、清める力のある場所)が「いやしろ地」でなくなってしまうため、御神木の管理を中心に境内の緑や生態系を保全していくことは非常に重要です。

ＥＭでこれを行えば、その地域をよりレベルの高い「いやしろ地」にすることができ、さらには生物多様性を守る新しい力にもなってくれます。

ＥＭ浄化法二〇年、旧具志川市立図書館のいま

ここまで環境保全に関する事例をいくつかみてきましたが、ＥＭによる水質浄化の原点となっているのは、沖縄県うるま市の旧具志川市立図書館（現うるま市立中央図書館）です。『地球を救う大変革』シリーズ（小社刊）でもたびたび紹介してきましたが、二〇年にわたってＥＭを使いつづけたところ、さらに興味深い変化が出てきたので、あらためてご報告します。

旧具志川市立図書館は、一九九一年に世界ではじめてＥＭ浄化法による下水のリサイクル施設をつくりました。ＥＭ浄化法とは、ＥＭを使って汚水中の有機物を分解させて水質を望ましいレベルまで浄化する方法です。

用いるのは一般的な合併浄化槽でよく、スタート時には一〇〇〇分の一のＥＭを週一回投入します。臭気がまったくなくなり汚泥も出なくなったら、投入回数を月一回に減らし

ます。さらに安定すれば年に三～四回程度になりますので、ＥＭ活性液を利用すれば導入のコストも管理の手間もかかりません。

ＥＭで浄化された水は、大腸菌はゼロ、ＢＯＤが五～一ｐｐｍ以下という水質検査の数値が示すとおり、水道水並みにきれいになります。とはいえ下水からの水を飲むというのは心理的に抵抗がある人もいるでしょうし、また現行法では飲用は禁止されているため、旧具志川市立図書館ではリサイクル水としてトイレの流し水や掃除、散水などに使っています。おかげで従来は年間一二〇万円かかっていた水道代が二〇分の一ですむようになったということです。

このシステムがすばらしいのは、水を循環させて使いつづけるうちにＥＭが濃くなり、どんどん水質がよくなっていく点にあります。そしてそのリサイクル水がふれる場所すべてに、ＥＭがつくり出す抗酸化物質による酸化防止作用がはたらき、汚れやサビがつかなくなっていくのです。

現に、この図書館のトイレを見てみると、水道水が出る手洗い場には石灰化した水垢《みずあか》がついているのに対し、リサイクル水が流れる便器は二〇年たっても少しも傷まず、ピカピカしています。同じ時期に設置され、同じように掃除されているにもかかわらず、その違いは一目瞭然《りようぜん》です。

浄化槽の内部も同様です。浄化槽につかっている鉄の鎖は、水につかっている部分は新品同様で、空気にさらされている部分からさびはじめるという逆転現象が起きています。また、浄化槽のモーターは、ふつう五年も経過するとさびて取り替える必要が出てきますが、ここでは二〇年間一度も交換せず、まったく問題なく動いています。これもすべてEMの力です。

EM効果は思いがけない場所にもあらわれています。図書館のシャッターは、上のほうにサビや汚れが目立ち、地面に近づくほど減っています。ひさしに守られぬれにくい部分が劣化し、雨ざらしの部分がきれいなままというのは、一般的な状況とは逆の現象です。職員も不思議なことだと頭をひねっていましたが、あるとき一つの原因に思いいたったといいます。

この図書館では、館内のカーペットをEMで定期的に洗浄し、それをシャッターの前に並べて干しています。このときカーペットについていたEMがシャッターを湿らせ、抗酸化作用を発揮したのではないかと考えているそうです。

実はこの話には続きがあって、天日干しが終わったカーペットは館内の倉庫に保管されますが、最近、その同じ部屋に古新聞を保管するようにしたところ、以前と比べて紙が黄ばみにくくなったそうです。シャッターの事例と合わせて考えれば、これもＥＭの抗酸化効果であると断言できます。

二〇年にわたってＥＭを使いつづけているからこそ見えてくる、さまざまな興味深い現象。それらはいずれも、ＥＭがあらゆるものを蘇生に導く力を確実にもっていることを明確に示しています。

第2章

世界が認めた農業・畜産

農業の楽しさと難しさを肌で学んだ幼少時代

「農は国の基なるぞ」――。

これは、かつて農業が日本の主力産業であった時代に謳《うた》われていた「農は国の本なるぞ」をさらに進化させた言葉であり、私の座右の銘でもあります。

戦後の食糧難の時代、農業はたしかに国民の命を守るための国の基幹産業でした。ところが昭和四〇年代に入ると米が余るようになり、また農作物の自由化という荒波に押され、いつしか農業は「国の基」どころか「国のお荷物」になってしまった。私はそんな日本の農業をどうにか復興させたいという一心で、農学者としての道を歩んできました。

沖縄県で生まれ育った私は、子どものころから作物を育てるのが大好きで、小学校五年生のときにはすでに「農業は世の中でもっとも尊い仕事である」と考え、将来は農業をするか農業の指導者になろうと決心していました。

といっても、最初から自主的に農業をやっていたのではありません。一〇人兄弟の五男として生まれた私は、親を助けて大家族が食べていくために、ほとんど選択の余地なく

“農業修業”に明け暮れることになったのです。

私に農業の基本を教えてくれたのは祖父でした。ハワイに移住してひと旗あげた祖父は、アメリカ仕込みの合理主義精神と、何ごとにも懸命に取り組む魂を兼ね備えた人物でした。そんな人だから指導も厳しくて、少しでも効率が悪かったり、努力を怠ったりしたときには、子どもだろうが何だろうが容赦なくカミナリが落ちたものです。

おかげで農業というものを体の芯《しん》で覚えることができ、中学二年になるころには、一ヘクタール以上の田んぼを馬や牛を使って一人で管理できるという、いっぱしの農夫になっていました。

そのころの生活といえば、朝は五時前に起きて畑へ行き、学校が終わったあとはすぐに畑に出て夜八時ころまで作業し、それから道具を直したりカマを研いだりと明日の準備をして、ヘトヘトになってようやく就寝する。そんな過酷な毎日でしたが、不思議とつらかった記憶はありません。馬や牛の世話をしたり、作物をつくったりすることは大好きでしたから、学校の勉強よりずっと楽しいと思っていました。そんなわけで、私はごく当たり前のように農林高校に進み、その後は琉球大学農学部へ進学しました。

ところが、あこがれの大学で私を待っていたのは、疑問や失望の連続でした。農学部は地域の農業振興のためにある学部と思っていたのに、現実は少しも沖縄農業の役に立ってない。先生も現場を知らない人が多く、講義で学ぶのはほとんど役に立たない机上の空論ばかり。多くの専門書を読んでも、自分の現場経験と結びつくものがない。だんだんと、そのような学部にいることがみじめに思えてきました。

「現場を熟知した先生がいないのならば、いっそ自分が大学の先生になって、現場での疑問に答えよう。熱心な生徒にみじめな思いをさせないようにしよう」

ついにはそう開き直り、大学院進学を決意したのです。

運よく九州大学に合格した私は、故郷の沖縄の農業を元気にするために、学部生時代から興味をもっていたミカンの研究に着手しました。当時は、沖縄のような亜熱帯地域では早生《わせ》温州《うんしゅう》ミカンは栽培できないというのが専門家の常識でしたが、沖縄の農業を救うにはミカンしかないと考えたのです。第1章で述べたとおり、このミカンの研究がのちにEM開発の契機となりました。

多くの幸運や偶然に助けられて誕生したEMですが、その偶然を導いたのは「故郷である沖縄の農業を復興させたい」という切実な願いです。だからこそ私は、EMが環境、建築などあらゆる分野で活用されるようになったいまでも、国の基である農業の振興にＥＭを役立てたいという思いを強くもちつづけているのです。

従来とはまったく違う発想のＥＭ農法

農の本質とは、安全で機能性の高い食物を適正な価格で過不足なく供給すると同時に、農業の生産過程を通して積極的に環境を保全し、自然資源をはぐくみ、人々の健康を守ることにあります。

けれども現実にはまったく逆のことが起きています。農薬や化学肥料の乱用は潜在的な健康被害のもとになり、さらに大型機械による表土の流失は、土壌生態系の破壊とも連動して想像を絶する環境汚染、自然破壊を引き起こしているのです。

それでいて農業はビジネスとしても破綻《はたん》しています。農家を保護するためにつくられた数々の法律はいつしか構造的な自己矛盾を引き起こし、かえって農家を苦しめる元凶になっている。他産業から農業への参入も厳しく制限されているため、たとえ志をもって農学部を卒業したとしても、親が農家でなければ就農したくてもできないのが現実です。

その結果、いまでは農業現場を支える人々の平均年齢は六五歳、食料自給率はカロリーベースで四〇%という尋常ならざる状況に陥ってしまいました。

こうした諸問題を解決するには、法的な整備も必要ですが、何よりも大切なのは農薬や化学肥料に頼りきっている現状を改め、EMを活用した循環型の技術体系に切り替えることです。そうすれば、汚染どころかEMが生み出す抗酸化物質の力で周囲の環境はみるみる浄化されて、土壌はどんどんよくなっていきます。

その結果として収量が増え、ふつうの品種でもスーパー品種と思われるほどに多収で高品質となりますので、農家の経営もラクになる。EMを使いつづければ最終的には「不耕起・無除草・じかまき」、すなわち田畑を耕さないで種を直接まける状態で管理することができるため、高齢者であっても無理なく農業ができる。まさによいことずくめであり、しかもEM農法への転換はけっして難しいことではなく、現行法と併用しながら数年で切り替えることができます。

TPP(環太平洋経済連携協定)やFTP(自由貿易協定)の問題もあります。これらの協定が発効すると海外から安価な米や野菜が大量に入ってくるので、日本の農業は壊滅的な打撃を受けるといって農業関係者は大反対していますが、EM農家にとってはさほどの脅威とはなりません。

なぜならＴＰＰやＦＴＡの対象となるのは、化学肥料や農薬をじゃんじゃん使い、大型機械で栽培するという既存のルールに従っている農業だからです。日本でも海外でも同じように農業をやっているのなら、補助金や輸出奨励金を出すのはやめようという考え方です。それに対して有機農業や自然農法など、自然環境や環境保全、健康増進に役立つ多機能的な農業はＴＰＰやＦＴＡの対象とはなりません。

日本の農業技術は芸術的といっていいほどで、世界中のどの国も太刀打《たちう》ちできないレベルにありますが、従来と同じような方法でやっていてはＴＰＰ時代を生き抜くことはできません。いまこそ日本の農家はＥＭ農法に切り替えるべきなのです。

幸いというべきか、日本の場合はほとんどが小規模な農家ですから、ＥＭで有機農業や自然循環的な農業をすることは容易です。ＥＭ農法を通して河川や海を豊かにし、健康も守るというように発展させていけば、これにいくら補助金を出しても海外から文句をいわれることはなく、農業は国全体の機能的資産として大切に守ることができます。

ここであらためて、ＥＭ農法とは何かという基本の部分を解説しておきましょう。

ＥＭは、従来の化学肥料や農薬とはまったく違う発想をもつ技術です。化学肥料はたしかに一時的には効果がありますが、使いつづけるうちに地力が衰え、結局は何も育たない崩壊型・腐敗型の土壌になってしまうという問題があります。農薬もしかりで、病害虫はすぐに抵抗性をつけ、効果はみるみる落ちていく。おまけに環境汚染や農業従事者の健康被害も深刻で、消費者に安全な食物を供給できない後ろめたさも残ります。

対するＥＭ農法は、土の中の微生物を蘇生《そせい》の方向へ転換させ、抗酸化物質のレベルを高めることで土そのものを育てていくという発想ですから、化学肥料の出番はありません。

しかも、ＥＭを使いつづけるといつの間にか病害虫はいなくなり、クモやトンボといった益虫だけが残ります。こう説明すると、そんなばかな、害虫も益虫も同じ生き物じゃないかという反論が出てきます。私自身、最初にこの現象に気づいたときは、なぜこうも人間に都合のいいことばかり起きるのかと、不思議に思ったものです。

その後ＤＮＡなどの研究により、病害虫と益虫とでは酵素系に根本的な違いがあることがわかってきました。すなわち弱った植物や腐ったものを食べる病害虫は強い酸化酵素を出すが、その病害虫を食べる肉食の益虫は、酸化酵素に負けない強靭《きょうじん》な抗酸化酵素をもっている。つまり病害虫は酸化物が好きで抗酸化物質が嫌いということになります。ＥＭ

によって土の抗酸化力を高めると病害虫はすみづらくなるのに対し、抗酸化物質を武器にしている益虫にとっては絶対に有利な条件となるのです。

補足しますと、ＥＭが抗酸化力で害虫を追いはらうのに対して、農薬は害虫を上回る酸化力で害虫を殺す、つまり毒をもって毒を制す性質をもっています。この方法の最大の弱点は、先に述べたように抵抗性の問題です。病害虫はもともと酸化酵素をもっているので、農薬の酸化毒性でやっつけられたとしても、すぐにそれに耐えられるだけの遺伝子構築を行い、農薬への耐性をつけてしまうのです。

その点、ＥＭは抵抗性とは無縁です。ＥＭの普及が始まったころ、海外の研究者から「ＥＭだって使いつづけたらいずれ効果が落ちたり、ＥＭより強い害虫が出てきたりするのではないか」との質問が多数出されました。たしかに「農薬」の発想だと、そのような結論になります。

しかしＥＭの機能は抗酸化作用であり、酸化物の好きな病害虫をすみづらくするだけですから、抵抗性は絶対にできませんと答えていました。相手はその意味が理解できませんでしたが、実際にそれから二〇年、三〇年たっても病害虫がＥＭに抵抗性をもったという話は聞きません。むしろ使いつづけるほどに土壌が健康になって病害虫は激減し、連作ができるどころか、連作したほうが作物の質がよくなったという、従来の常識とはまったく逆の成果が得られています。

ＥＭは雑草対策にも有効です。ＥＭを使うと休眠していた種もいっせいに発芽し、芝生のように草が生えるため最初はびっくりしますが、水田なら冬の湛水《たいすい》処理と同時に代かきを数回ていねいに行うと、ＥＭによって発芽した雑草は枯れ、トロトロ層が厚くなるので、以後はほとんど生えてきません。畑の場合も、草を倒してＥＭとＥＭボカシをまき、軽く混和する方法で同様の効果が得られます。いずれにしても数年で除草の手間は無視できるレベルになり、除草剤の必要もなくなります。

何よりも注目すべきは、ＥＭを使うと土の中の有用微生物が活発にはたらいて抗酸化力などのＥＭの総合力が高まるため、病害虫がいなくなり、土もふかふかになって収量も大幅に増え、栄養的にも従来の農法をはるかに超えた機能性の高い医食同源的な農の本質を究める作物ができることです。

●高齢者でもラクラクできるＥＭマルチライン農法

沖縄県には、「青空宮殿農場」と名づけた私自身の畑があります。六〇歳以上の高齢者が農業を楽しむためのモデル農園にすることを目的に、二〇〇五年に新しく開いたものです。ここでは、青空宮殿農場を例にあげながら、EMの使い方や不耕起栽培の方法などを説明していきましょう。

定年退職を機に、さあこれから農業をやってみようと思う人は少なくないし、できれば無農薬・無化学肥料で健康にいい野菜をつくりたいと考えるでしょう。けれども従来の有機農法は除草や作物の管理に膨大な手間がかかるため、体力的にも技術的にも、高齢の素人農家にはハードルが高すぎます。

その点、EM農法であれば、最初にかたちさえつくってしまえば、あとは畑を耕す必要もなければ、雑草や病害虫に悩まされることもありません。手間といえば種まきと収穫、水やりくらいなので、どんな初心者でも安全でおいしい無農薬野菜を育てられるのです。

畑をつくるのも、とてもかんたんです。最初に草を踏み倒したら、上からEM活性液と米ぬかや糖蜜《とうみつ》をたっぷりかけて、ダンボールや使い古しのじゅうたん、光を通さないシートなどをかぶせておくだけです。二〇～三〇日もすると土も草もいっしょに発酵して有機肥料となっていきます。その上からEMの五〇〇倍液をたっぷりかけると、わざわざ耕さなくてもふわふわのやわらかい土になるのです。

私の青空宮殿農場も、最初は駐車場脇《わき》にある草ぼうぼうのただの空き地でしたが、機械を使うことなく、この方法で少しずつ農地にしていきました。

畑は「ラインマルチ」という方法で管理しています。まずクワなどで土の表面をかいて雑草を除去し、約七〇センチ幅の畝をつくります。畝の中央に一〇～一五センチ幅の細長い厚手のビニール（マルチ）を敷きます。そのマルチの上には、先ほどの雑草や生ゴミボカシなどの有機物を載せ、マルチの脇の土の部分に種をまきます。その後はマルチの中央から水を十分にやり、畝全体が湿るようにします。

このマルチの上に五〇～一〇〇倍くらいのEM活性液をかければ、積み重ねた雑草や生ゴミなどがそのままマルチの上で堆肥《たいひ》化し肥料となります。ボカシや生ゴミなどの肥料成分はマルチの上に載っているので、水に溶け出した分だけ土壌に浸透し、肥料が効きすぎることもありません。

同じように水やりも、ジョウロなど使わずバケツでザバっとかけてもうまくいきますので、大幅に時間を短縮することができます。このラインマルチ農法は「いいかげん農法」と称されています。それほどラクに、効率的・効果的に畑を管理できるのです。

一度ラインマルチをつくってしまえば、土を耕したり元肥を入れたりしなくても、マルチの上に肥料となる有機物を置いて水やりと同時にＥＭ活性液をかければ、次々に野菜を育てることが可能です。

私の畑では、収穫が始まって空間ができると、その空間に次の野菜の種をまくので、前の野菜の収穫が終わるころには、もう次の野菜が元気に育っているというように、つねに野菜がとぎれることがありません。連作ならぬ連続栽培です。

畝の真ん中にマルチがあり、マルチの上は空間になっているので、作物過密になることもなく、日光もよく当たり、きれいに育つようになります。

ＥＭ効果で根がしっかりと張るため、通常は一度しか収穫しないキャベツなどは、株出しを二〜三回行って植え替えなしで二〜三回収穫します。このようなＥＭ農法では、一般の畑の二倍以上も収穫できるのは当たり前、うまくいけば五〜六倍の収量を出せる例もあります。

カラス、ヒヨドリなどの野鳥対策には、畝を囲むように数メートル置きに棒を立て、ＥＭセラミックス（パイプ三五）、もしくはＥＭ活性液にＥＭセラミックスパウダー（スーパーセラＣ）を小さじ一杯入れた五〇〇ＣＣペットボトルを吊《つ》るします。

EMを使っていれば病害虫に苦労することはなくなりますが、鳥までは出ていってくれません。しかし、こうしてEMセラミックスなどを畑のまわりを囲むように配置すれば、EMの波動が共鳴し、その波動が結界として機能するため、鳥の侵入は目に見えて減っていくのです。このペットボトルはモグラにも効果があります。この場合はペットボトルを土に埋め、四分の一程度地上部に出して光が当たるようにします。

なぜこうした効果があるかというと、野鳥やモグラは電磁波や紫外線などで方向を感知したり、配偶者を見つけたりしますが、EMの波動が共鳴するようになると、電磁波などは消えるか、ほかのエネルギーに変わってしまうからです。野鳥やモグラにとっては魔の空白地帯ということになりますが、人間の健康にとっては最良のバリアとなります。

以上がEMを活用したマルチライン農法の基本です。本当にかんたんで効率がいいので、高齢の方だけでなく、忙しい方にもおすすめしたい管理方法です。

私自身、一年の三分の二は仕事で海外や国内各地を飛び回っていて、何日も畑をほったらかしてしまうことも多いのですが、野菜をだめにしたことはありません。空港へ向かう前のほんの短い空き時間に、マルチの上に水やEM液肥をバッとかけてやるだけで野菜はすくすく元気に育ってくれます。必要な道具も軍手と小さいツルハシとクワ、せんていバサミくらいです。

場所に余裕があれば畑の一角で青草液肥をつくるのもいいでしょう。これもほとんど手間いらずで、ドラム缶の中に雑草と水、ＥＭ活性液、セラミックパウダー、生ゴミや米ぬかを入れて発酵させれば、それだけで草の栄養分と善玉菌をたっぷり含んだ液肥ができあがります。臭気が強い場合はＥＭが不足しているので、全体の一～三％を目安にＥＭ活性液を加え、臭気が消えてから使用します。肥料を買うのに比べたら格段に安上がりなので、もったいないと気にせずにじゃんじゃん使うことができ、たいへん経済的です。

ＥＭを使えば大規模な有機農法を実現できる

ＥＭを導入した農家は、それまで不可能といわれていた収穫の限界を次々と突破していきます。米を例にとると、一〇アールあたり六〇〇キログラム（一〇俵）収穫できれば合格点といわれているところ、ＥＭを土壌中に有効に繁殖させると合格ラインをやすやすと突破してしまい、三～四年後には九〇〇キログラム（一五俵）、さらには一二〇〇キログラム（二〇俵）という驚異的な収量を記録した例もあります。

しかもEMで栽培された作物は、多収であるだけでなく高品質であることは周知の事実です。そもそも農薬や化学肥料で育てた作物がなぜだめなのかといえば、残留農薬などが人体に悪影響を及ぼすというだけでなく、本来なら作物に含まれているはずの抗酸化物質が極端に減ってしまうからです。そのため現代の野菜は、ビタミンをはじめとする栄養価が三〇年前の数分の一にまで減少しているといわれています。

これに対して農薬や化学肥料を使わないEM生まれの作物は、昔の野菜そのままに味が濃く栄養価も豊富です。悪天候にも強く、いつまでもみずみずしく日持ちがいい。そのためEM農家は北海道から沖縄まで全国に広まっています。以下、その実例をいくつかご紹介します。


大規模なEM農家の代表例といえるのが、愛知県知多半島の農業組合法人光輪です。

一般的に、有機栽培は手間がかかるため一ヘクタール程度の規模が限度とされていますが、光輪農場では実に約二〇ヘクタールもの広大な農地を管理し、大根をはじめ玉ネギ、ニンジン、キャベツといった栽培品目一〇種類をすべて有機自然農法で栽培しています。

わずか一三名のメンバーでこれほど大規模な無農薬農場を経営できるのは、「すべての基本は土づくり」という考えのもと、ＥＭを有効に活用しているからにほかなりません。

実は、光輪農場の土壌は堆積岩《たいせきがん》（頁岩《けつがん》）が風化したものであり、分類状は土とは呼べないくらい半礫《はんれき》状を呈しています。そのため農地としては栄養が不足し肥料の持続力も弱く、この土地では頻繁に化学肥料を使わなければ作物を育てられないといわれてきました。

その課題を解決し、大規模な有機栽培を実現するカギとなったのがＥＭです。頁岩には海のミネラル分がたっぷりと含まれているため、有機物とともにＥＭを投入するとＥＭが起爆剤としてはたらき、土中の微生物が爆発的に増殖するのです。

光輪農場では、良質の発酵堆肥（反あたり一〇トン）をはじめ雑草や残渣《ざんさ》など大量の有機物をＥＭとともに投入することで、微生物の多様性を意図的につくり出しています。実際に光輪農場の土を分析すると、多種多様な微生物が共存する豊かな生態系ができていることがわかります。その一方で、有害なキタネグサレセンチュウなどがまったく発見されていないのは、ＥＭの抗酸化力のたまものといえます。

また、有機栽培でもっとも苦労するのは除草と病害虫対策ですが、光輪農場はＥＭを活用して作物と雑草を共生させることで、この問題を解決しています。土中の微生物バランスが保たれた環境では、雑草が野菜の栄養分をうばうことはなく、むしろ寒さや乾燥から野菜を守る役割さえ果たしてくれ、その後は立派な有機肥料になるのです。

光輪農場では、土づくりの段階はもとより、灌水《かんすい》時の葉面散布にもEM活性液を徹底して使いつづけているため、畑全体にEMが定着しています。微生物が定着し、雑草を共生させた健康な土には虫も来なくなり、連作も可能になります。光輪農場にとって雑草は地力のバロメーターであり、土と連動して健全な生態系をかたちづくっているのです。

四半世紀のEM活用で絶品のトマトを栽培

二五年以上前からEMを使っている沖縄県南城市の新垣農園は、EM農家のなかでも最古参の部類に入ります。以前はキュウリやメロンなどをつくっていましたが、一五年ほど前からは、より市場性が高く味へのこだわりが求められるトマトを専門的に栽培するようになりました。

長年にわたってEMを使いつづけてきたことで、新垣農園のハウスには、隅々までEMパワーが行き渡っています。そんな栄養満点の土から生まれるトマトは糖度や栄養価も抜群で、「トマト嫌いをトマト好きにさせる」と大評判、いまでは新垣ブランドのトマトといえば最高級品として名が通っています。

沖縄県北中城村《きたなかぐすく》にあるEMウェルネスセンター・ホテルコスタビスタ沖縄でも新垣農園からトマトを仕入れていますが、ブッフェでは肉魚などのメインディッシュをさしおいて、何の調理もしていない生のトマトが一番人気となっているくらいです。

収量についても文句なしの成果をあげています。新垣農園では二五段くらいまで樹勢を維持し、トマトを樹上で完熟させて段ごとに収穫するという手法をとっていますが、かなり上段に行っても樹勢は衰えることなくしっかりと実をつけています。

多収量・高品質の野菜を育てる秘訣《ひけつ》は、光輪農場と同様、ていねいな土づくりにあります。新垣農園の場合は、沖縄では暑すぎてトマトを栽培できない七月から八月にかけて、トマトの収穫残渣とEMで処理された牛糞《ぎゅうふん》堆肥などを一〇アールあたり約四・五トン、EMボカシを一〇アールあたり五〇〇キログラム施用し、EM活性液で十分に湿らせたあと、ビニールをかけて高温で蒸らして土壌を活性化させます。

また、日常管理においても二〇〇〇倍に希釈したEM活性液を自動灌水しているほか、トマトの状態を見ながら五〇〇倍希釈のEM活性液を葉面に散布するなど、EMを徹底活用しています。

このようにしてEMを定着させた場所では、土が発酵してやわらかくなるため畑を耕す必要はなくなります。事実、新垣農園では一五年間一度も耕さずに不耕起栽培を実現しています。また、ウドンコ病やダニ、病害虫のカビの発生も完全に抑えられています。

EM効果はハウスの建物にもあらわれています。新垣農園のハウスは築三〇年になりますが、鉄骨にはまったくサビが出ず、ビニールの張り替えも一〇年に一度ですんでいるそうです。これは鉄骨やビニールにEMの抗酸化作用がはたらいた結果であり、まさにEMが掲げるローコスト、ハイクオリティの理念が実現できた好例といえます。

定年後でも、未経験者でもできるEM農法

EM農家で成功しているのは、何も古くからの農家ばかりではありません。たとえば沖縄県南風原町《はえばる》の比嘉信夫さんは、一五年前に大阪から沖縄に移住してゼロから農業を始めました。EMを徹底活用しながら四年がかりで土づくりを行い、いまでは約一ヘクタールの農地でカボチャ、トマト、インゲンなどを栽培しています。

農家としての歴史は浅いものの、一〇アールあたり一トン以上の牛糞、鶏糞肥料とEMボカシを投入し、灌水にもEM活性液を使っているため、土壌は非常に良質でEMもしっかり定着しています。虫の防除もEMストチュウ（酢、糖蜜、焼酎《しょうちゅう》をブレンドしてEMで発酵させた病害虫対策用の資材）のみで完全無農薬・無化学肥料を実現しています。そのうえ比嘉さんのカボチャは日本でもっとも早く収穫できるとあって、東京では一〇キログラムあたり七〇〇〇円以上の高値で取引される高級品となっています。

さらに比嘉さんは、液肥や水を農地に自動散布できるシステムを組み、ほぼすべての作業を機械化しました。そのため園芸農家として一ヘクタールという大きな農地を家族とアルバイト一名だけで管理できるようになっています。二〇一〇年にはこのオートメーション化されたEM農場をひと目見ようと、スーダンの農業大臣も視察に訪れました。

また、比嘉さんは自ら野菜を育てるかたわら「比嘉EM・ボカシ栽培野菜生産組合」の会長として全国を飛び回り、EM自然農法の指導も行っています。

と、このように説明すると働き盛りの壮年者を想像するかもしれませんが、実は比嘉さんは御年八〇歳を超えています。つまりは定年後に農業を始めたという方です。EMがあれば高齢者でも無理なく農業ができ、本人の経営センス次第ではビジネスとしても十分に成功するということを証明してくれた事例といえます。

比嘉さんは大阪時代にぜんそくを患い苦しんでいたといいますが、沖縄でＥＭ農業に携わるうちにすっかりよくなったそうです。このように八〇歳を超えてもパワフルに畑仕事を楽しんでいるのは、多くのＥＭ農家に共通する特徴といえます。


この比嘉信夫さんの事例からもわかるとおり、たとえ野菜づくりの経験がまったくないアマチュアであっても、ＥＭさえあれば有機栽培のハードルはぐっと低くなります。

たとえば沖縄県南風原町のＮＰＯ法人「のぞみの里」でも、ＥＭで無農薬の野菜づくりに取り組んでいます。のぞみの里は、脳卒中で後遺症のある患者や軽度の知的障がいをもつ方を対象とする授産施設で、もともとは町内のコンビニや一般家庭から生ゴミを回収し、ＥＭを使って生ゴミを堆肥や飼料にリサイクルする活動を行っていましたが、数年前から自分たちでも野菜づくりと養豚を始めました。

農業に関しては全員が素人でありながら、彼らが栽培しているのは有機栽培のなかでもとくに難しいとされる、回転の速い葉もの野菜です。葉ものは少しでも虫食いがあったりすると商品価値が下がってしまうので、素人が無農薬で栽培することは無理に決まっているというのが常識です。

ところがいざ収穫してみると、のぞみの里の野菜は私からみても立派なもので、商品としても十分に通用しました。畑にネットすら張らず、ほとんど手をかけずに育てたとは信じられないと、周囲の農家も驚いたということです。ＥＭで処理した肥料をふんだんに使ったことで、土壌が豊かで健康になった成果といえます。

二〇〇八年にスタートした養豚事業も順調に推移し、いまでは二〇頭以上の「はえばる豚」を飼育する本格的な規模になりました。もちろん豚に与えるのは、回収した生ゴミをＥＭでリサイクルした飼料です。ＥＭ飼料で育った豚は肉質がやわらかく臭みがなく、良質の脂を含むのが特徴で、肉は町内の保育所や給食センター、外食店などに提供され大好評です。

また、当初は懸念されていた悪臭問題も、オガクズの活用や豚舎の清掃や衛生管理にＥＭを徹底活用することで難なく解決し、近隣からの苦情は皆無とのことです。

のぞみの里の取り組みは、「安全安心な健康に最良の食を提供している」という誇りももてるため、障がい者の雇用創出はもちろんのこと、障がい者の自立や生きがいづくりにもつながっているのです。

津波による塩害にも解決の道筋が見えた

東日本大震災は日本有数の米どころである東北地方を直撃し、広大な面積の田畑が津波にのまれました。波が引いたあとの農地には、油などで汚染されたヘドロや海水が残留し、農家の深刻な悩みの種となりました。

ヘドロ対策についてはもちろんのこと、塩害に対してもＥＭが抜群の効果を発揮することは、海外での多数の実験で明らかになっています。そのモデルケースといえるのが、エジプトの事例です。

砂漠のような乾燥地の多くは、地面に水をまくと水分の蒸発にともなって地中深くにあった塩分が析出し、地表付近の塩分濃度が上昇するという塩類集積問題を抱えており、これが食糧生産や砂漠緑化のネックとなっています。エジプトも例外ではなく、カイロ市郊外のフルーツ畑などは、まるでアスファルトを敷いたように塩類が集積しているありさまでした。

当時の農業副大臣から相談を受けた私は、一九九六年にエジプト政府農業省と合意書を交わし、ＥＭによる塩害対策支援に乗り出しました。方法はいたってシンプルで、畑への灌水時にＥＭ活性液を五〇〇〇〜一万分の一ほど加えて点滴するという、ただそれだけです。エジプトではさっそく農業省のＥＭの工場が立ち上がり、われわれの指導のもとでトレーニングを受けた技術者が実地にＥＭを使いはじめました。

翌年に現地を再訪した私は、早くもＥＭが期待どおりに力を発揮していることを確認しました。アスファルト状に集積していた塩分の大半は消失し、なかば枯れかかっていたリンゴやオレンジやブドウの木は緑豊かに甦《よみがえ》り、たわわに実をつけていたのです。

なぜこのような現象が起こるかというと、ＥＭの触媒作用と有機物の発酵分解作用が連動して塩分が非イオン化し、ＥＭによって低分子化した有機物と結合して植物の栄養源となるからです。またカルシウムやマグネシウム、鉄などの微量元素も可溶化し、植物に吸収されるようになります。つまり元凶であった塩分がそのまま肥料に変わるため、塩分はあとかたもなく消え、砂漠さえも豊かな生産緑地となるのです。

当初、エジプトでこの説を信じられる学者は皆無でした。しかしＥＭを使いしばらくすると塩害が消えたのは動かしようのない事実であり、ＥＭは現場優先的に広がっていきました。その後、農業省もかなりの研究者を動員し、たしかに塩類が肥料化するという現実を確認したため、いまではＥＭの効果を否定する学者はいなくなったということです。

余談ながらエジプトでは塩害対策のみならず、緑化や汚水処理、ゴミ処理など環境問題全般にわたってＥＭを活用し、成果をあげています。近年ではＥＭ工場がさらに拡充され、高速道路にも五つのＥＭステーションを整備するなど、農業関係者ならだれでもＥＭを入手できるような体制が整いつつあります。


さて、東北地方の塩害問題に話を戻すと、日本では前例がない事態ということで大きな騒ぎになりましたが、エジプトのケースに比べれば塩害としての深刻度はさほどではありません。稲作で大事なのは出穂時以降まで塩分が残っているかどうかであり、私は五月以前から「梅雨の時期に例年並みの降雨量があれば、この程度の塩分は自然に流されて消えてしまう。だから農家は安心して作づけすればいい」といいつづけてきました。

心配なのは塩害よりもむしろ津波が運んできたヘドロです。さまざまな汚染によって土中の微生物相が腐敗型になった場合は、何をやってもうまくいきません。ただしこれもＥＭでかんたんに解決することができます。

一〇アールあたり五〇～一〇〇リットルのＥＭ活性液を原液のまま散布し、ていねいに代かきすれば微生物のバランスは元の状態に戻ります。おまけに海水の豊富なミネラルをそのまま肥料として使うことができるので、塩害どころか例年より収穫を増やすことさえ可能です。

ところがわが国の政府には農業のプロがいないため、たった一週間くらい海水につかったことに驚いて、砂漠の塩分除去のような感覚で大きな予算を組んで水田の除塩を行おうとしました。そんなことをしなくても、梅雨期が終わった段階で、大半の水田の塩分レベルは政府の目標としていたEC（電気伝導率）〇・三以下となっていたのです。

あと出しジャンケンではおもしろくないので、私は五月の時点から、「東北地方の塩害はEMで十分に対応可能であり、EMを定着させた田んぼでは二〇一一年も例年と変わらないおいしいお米を収穫することができる」と断言していました。そして結果はまさにそのとおりになりました。

宮城県気仙沼《けせんぬま》市では、五月一〇日に「EMアグリ・フィッシュクリーン浄化大作戦」と銘打った大々的な水田浄化活動が実行されました。プロジェクトの舞台となった同市波路上内田地区には、津波によって打ち上げられた大量の魚が悪臭を放っていましたが、手が回らず後回しにされていました。そのため地主を含む土地改良区などの関係者の了解のもと、約一〇ヘクタールの水田にEMを散布することになったのです。

散布作業にはJA南三陸の協力のもと、茨城からかけつけてくれたボランティア二六名、周辺の自治会有志や土地所有者など合わせて約七〇名が参加し、全国から支援物資として届けられたEMボカシやEM活性液をていねいに散布しました。悪臭対策のみならず、稲の切り株や魚の死骸《しがい》をEMで堆肥化し、来年の肥料にすることが目的です。

プロジェクトの参加者からは「瞬時に臭いがやわらぐ効果を目のあたりにして感動した」といった声が上がったほか、二週間後の現地からの報告でも「悪臭緩和の効果はしっかり持続している」「ハエも徐々にいなくなっている」など、EMの実力を確認できたという声が多く寄せられました。

塩害対策としては、農林水産省から「向こう三～四年作物がつくれないだろう」といわれた地域において、EMによる除塩テストを行いました。これは一〇アールあたり五〇リットルのEM活性液を投入し、代かきをして田植えをするという単純な方法で、特別な除塩は行っていません。それでも生育は順調で、ほかの水田で悪臭やガスが発生したのに対し、EMを施用した水田ではそうした被害はありませんでした。しかもヘドロは分解され肥料化しており、ドジョウをはじめさまざまな生物が豊かに復活していることも明らかとなったのです。

実例をいくつか紹介すると、宮城県仙台市の鈴木有機農園（代表・鈴木英俊さん）の水田は海岸から二・五キロの距離にあり、津波の直撃を受けました。大きながれきや車などの流入はなかったものの、一面に油やヘドロ混じりの海水とゴミが散乱するというありさまで、農協からは「今年だけではなく、この先五年、稲作は無理だろう」といわれたそうです。

それでも鈴木さんは米づくり五〇年というベテランの意地をみせて立ち上がり、われわれもEM災害支援プロジェクトとして水田の再建を支援することになりました。農業排水のポンプ場が津波で壊れていたため、上流からの給水はすべて止まってしまいました。そのため、U-ネットを中心とするボランティアの協力を得て、約二ヘクタールの水田に水を供給できる大型の井戸を掘り、水田には一〇アールあたり三〇〇〜四〇〇リットルのEM活性液を投入しました。

そして二〇一一年秋、鈴木さんの水田は深くこうべを垂れる黄金色の稲穂で埋め尽くされました。そこには半年前の津波の名残はあとかたもなく、塩害どころかむしろ例年以上の収穫になったということです。

県下有数の穀倉地帯である石巻市では、蛇田地区と鹿又地区の二軒の農家の水田にEM活性液とEM三号を投入しました。ここでも秋の実りは目をみはるできとなり、JA石巻からも「EMは塩分濃度を下げるだけではなく、労力やコスト、効果の面でもメリットが多いため、試してみる価値は大いにある」とお墨つきをいただきました。

このほか岩手県陸前高田市気仙町でも、塩水につかった水田にEM活性液の一〇倍希釈液二・五トンを投入するなど、塩害対策にEMを活用する動きは、東北地方の広い範囲に広まり、各地で大きな成果をあげました。

EMが畜産農家の悩みをすべて解決する

EMは畜産用の資材としても国の認可を受け、畜産の糞尿《ふんにょう》の堆肥化や悪臭除去、家畜の健康管理などに幅広く用いられています。

よく知られているように、現在の畜産業は生産性追求のため過密な環境で家畜を飼育し、病気を防ぐという名目で抗生剤や消毒剤を多用しています。こうした劣悪な生育環境は家畜に多大なストレスを与え、畜産物の品質をそこねる原因となります。おまけに畜舎の臭気は悪臭公害になりやすく、近隣からの苦情も絶えません。

ところがEMを使うと、こうした問題はたちどころに解決してしまいます。使い方はきわめてかんたんで、畜舎の床にEMをまくとともに、家畜の飲み水と飼料にEMを混ぜるという〝三点セット〟が基本です。もちろん家畜に対するEMの安全性は多数の研究機関によって実証され、畜産用としても国に登録され認可を得ていますので、家畜に飲ませたり食べさせたりしてもまったく問題はありません。

EMを散布すると早ければ一週間ほどで悪臭はきれいに消え、ハエもいなくなります。さらにEMが畜舎の微生物汚染を抑制し、家畜の体の内外の微生物相を善玉菌に整えるため、家畜のストレスは大幅に軽減され健康になります。そのため抗生剤や消毒剤をいっさい使わずとも衛生管理が可能になるのです。

結果として乳質・肉質・卵質も大幅に向上するため、EMで育てた畜産物は「EM牛乳」「EM豚」「EM牛」「EM卵」などとして高い付加価値をつけて市場に出すことができます。現在、こうしたEMブランドの畜産物は沖縄をはじめ全国に流通しており、味や栄養価がすぐれているという高い評価を受けています。

自然に近い環境で健康に育てるEM養鶏場

利益最優先の畜産農家とは真逆の自然志向で畜産業に臨み、なおかつ独自の工夫で高い収益性を確保しているEM農家の成功例として、沖縄県南城市のみやぎ農園（代表・宮城盛彦さん）を紹介します。

みやぎ農園は、本島南部の緑豊かな山中に鶏舎をかまえる養鶏農家で、約八〇〇〇羽をケージなしの平飼いで飼育しています。平飼いで一坪あたり三〇羽という数は通常の倍の密度ですが、自然に近い環境でEM入りの青草をはんで育った鶏はすべてが健康です。

その証拠に、卵を産まなくなった鶏は一般的に食用にはなりませんが、みやぎ農園の鶏は肉質がよいとあって那覇市内のレストランから指名買いされています。もちろん卵自体もコクがあり栄養価も高いと評判で、ホテルコスタビスタはもちろん大手スーパーからも引き合いがあって供給が追いつかないレベルに達しています。

そんなみやぎ農園も、創業から八年間は抗生物質や消毒剤などを使用する一般的な養鶏農家でした。しかし、いくら高価な薬剤を使っても、数年たつと耐性がついて効かなくなる。やむなくより強い薬剤に切り替える。そんなイタチゴッコを繰り返しているうちに、とうとう薬剤を使っても毎日のように鶏が死ぬようになり、宮城さん自身にも深刻な健康被害が出るようになったといいます。それを機に自然養鶏に目を向けるようになった宮城さんは、さまざまな資材を試した末にＥＭへとたどりつきました。

さらにその後、ＥＭの特質を最大限に生かす養鶏方法を試行錯誤するなかで、鶏糞をかき出さず舎内にそのまま堆積させるという方法を確立したのです。

通常なら鶏糞を放置すれば悪臭や病気の原因となるところですが、ＥＭで育てられた鶏の糞はむしろ鶏舎の衛生環境を浄化する役割を果たし、保健所の検査でもまったく問題ないとお墨つきが出ています。

もちろんＥＭに切り替えてから二〇年ちかく薬剤はいっさい使っていません。それでいて鶏の生存率は九九・八％と驚異的な数字を誇り、薬剤を使っていたころは八割に満たなかった産卵数もいまでは九二％にまで上昇し、抗生剤や消毒薬の購入にかかっていたコストもゼロになり、収益性も大幅に改善されています。

さらに宮城さんは二〇〇四年、まじめに農業に取り組む地元の野菜農家を支援したいという思いから、特別栽培農産物栽培確認責任者の資格を取得しました。この資格は読んで字のごとく、農作物が栽培された履歴を確認し、間違いなく特別栽培（減農薬・減化学肥料）であることを保証するものであり、提携先の多くは、みやぎ農園からEM堆肥を仕入れて有機農業を行っている地元の野菜農家です。

この取り組みによって、みやぎ農園のEM活動はさらに多くの農業関係者の知るところとなり、結果として「こんなにすばらしい野菜がとれるなら、うちも宮城さんからEMの堆肥を仕入れたい」といった問い合わせも増加したそうです。

多くの養鶏農家が鶏の糞尿の始末に頭を抱えるなか、みやぎ農園はそんな問題とは無縁で、むしろ糞尿はすばらしい有機肥料となり貴重な収益源となっているのです。

口蹄疫の感染拡大防止に農水大臣から感謝状

EMが口蹄疫《こうていえき》や鳥インフルエンザ、コイヘルペス、エビのホワイトスポットといったウイルス性の病気に効果があることは、一〇年以上前から関係者の間ではよく知られていることです。これはEMの主要構成菌である光合成細菌が多様な抗ウイルス作用を発揮するとともに、乳酸菌や酵母が家畜の免疫力を高めるためです。

それを証明するのが、二〇一〇年一二月に韓国で発生した口蹄疫パンデミックです。その規模は、数か月前に起こった宮崎県の口蹄疫被害とは比べものにならないぐらい大きく、処分された牛豚の頭数が宮崎が二九万頭であったのに対し、韓国は三五〇万頭あまりに上りました。しかしEMをきちんと使っている農家では一軒も発生することはありませんでした。

韓国のハンギョレ・サラバンの日本語版サイトでは、EMを活用して口蹄疫を完全に防いだ農家の情報も発信されました。口蹄疫が猛威をふるう京畿道《キヨンギド》北部地域で韓牛一五〇頭を養っているミヨン・イング氏の事例です。

それによると、ミヨン氏は四年前にブルセラという感染症で牛二頭を失ったことを機にEMへの関心を抱き、三〇〇万ウォン（約二一万円）でEM生産機器を購入したそうです。以来、自家生産したEM活性液を飼料に混ぜたり、希釈して畜舎周辺に散布したりするなど、自分の牛の健康管理にEMを徹底活用するとともに、近隣の畜産農家六か所にもEMを無料で分け与えるようになったといいます。

そこへ今回の口蹄疫パンデミックです。ミヨン氏の農場は京畿道北部地域ではじめて口蹄疫が広がった漣川郡百鶴面老谷里と隣接した村にあり、わずか二〇〇メートル先でも口蹄疫の感染が確認されたため、その一帯は「危険地域」に指定されてしまいました。しかもウイルスを運んだと疑われる畜産糞尿処理業者がミヨン氏の農場にも立ち寄っていたことがわかり、一時は殺処分の対象となったそうです。

ところがミヨン氏は、ＥＭで育った牛が感染するはずがないと絶対の自信をもっていたので、防疫当局の調査員に対して「どの牛でも好きに選んで、血液を採取して検査してください」と豪語した。そして事実、四回にわたる検査の結果はすべて陰性で、彼がＥＭを分けていた六か所の畜産農家も、すべて口蹄疫の被害をまぬがれることができたのです。

こうした事実がインターネットを通して世界中に発信され、また韓国全土にＥＭを使っている畜産農家が多数あったため、韓国政府も「ＥＭは口蹄疫に効果あり」ということを認めざるをえない状況になっています。

また韓国では同時期、鳥インフルエンザも深刻な問題となっていましたが、ＥＭを使っている養鶏場では一軒も被害が発生しませんでした。このような確たる情報が増えるにつれて、韓国では各道（県）も積極的にＥＭを使いはじめています。二〇一一年七月には、この事実を検証するため韓国国営テレビが沖縄まで取材にこられたので、その原理などについても説明しました。

宮崎県で口蹄疫が猛威をふるった際も、ＥＭを活用している牛や豚に口蹄疫が発症したという報告は、なんと一件もありませんでした。それどころか宮崎県えびの市ではＥＭを大々的に使うようになった直後にパンデミックは収まり、あらためてＥＭの抗ウイルス効果が証明されることになったのです。

えびの市の場合は、発生地点から三キロメートル以内に一五〇軒もの畜産農家があり、畜舎と畜舎の距離はもっとも近いところで一〇〇メートル以内、その大半が一キロメートル内外、離れているところでも一・五キロメートルという状況でした。口蹄疫の感染至近距離が三キロメートルであることを考えると、この過密状態での感染拡大防止は、常識的にはきわめて困難ということになります。

えびの市で最初の感染が確認されたのが四月二八日で、それが五月一三日までに四か所へと広がり、牛三五二頭、豚三二〇頭が感染してパニック状態となっていました。

私のもとに「えびのＥＭ研究会」から口蹄疫対策について問い合わせがあったのは、そんな大流行のさなかの五月一五日のことです。私はその時点で「ＥＭを使っている農家は絶対に大丈夫！」と断言し、「ＥＭによる感染防止帯をつくるために一軒でも多くの農家にＥＭを使うようすすめてください」とアドバイスしました。

この場合の使い方としては、畜舎の床にＥＭをまく、家畜の飲み水と飼料にＥＭを混ぜるという毎日の〝三点セット〟に加え、週一回は二〇〇～三〇〇倍の活性液を外内壁や天井にも散布し、月一回は粉末状のＥＭセラミックスを一平方メートルあたり五〇～一〇〇グラム散布するという方法です。

ＥＭはｐＨが三・五以下であるため、畜舎に散布すれば舎内の空間をｐＨ四・五以下に保つことができます。ほとんどのウイルスはｐＨ四・五以下で失活するので、一般的な消毒よりもはるかに効果があります。しかもＥＭは結界をつくる性質があるため、ＥＭを使っている畜舎と畜舎の間に防護帯ができ、口蹄疫ウイルスをはじめとする有害な微生物の侵入を食い止めてくれるのです。

五月一五日の段階では、えびの市でＥＭを使っている畜産農家は二〇軒ほどでしたが、その後かなりの農家がＥＭを導入してくれました。その普及状況を聞いた私は、口蹄疫対策本部長の山田正彦農林水産副大臣（当時）に「えびの市はこれ以上感染が広がることがなく絶対に大丈夫です」と直接電話でお伝えしました。そして事実、えびの市ではそれから感染が拡大することはなく、別途対応となり、他市よりもひと足先に清浄化宣言がなされたのです。

ＥＭは処分した家畜の埋却時の悪臭対策、二次汚染対策にも活用されました。当初は国として取り組むよう提案したのですが、役所の方針と予算はすでに決まっており、ＥＭに予算をつけることは困難ということだったので、ボランティアとしてお手伝いすることになりました。

われわれは宮崎県ＥＭネットをはじめとする多くのボランティアの協力を得て、五月下旬から感染が拡大していない地域へのＥＭの活用を強力に進めると同時に、新富町を中心とする埋却現場でＥＭ散布を始めました。

その後、市町の関係者とともに検証を行ったところ、近隣から苦情が出ていた悪臭は消え、体液やガスの発生も止まり、ハエもほとんど見当たらず、重機のオペレーターもマスクを外して埋却作業ができるようになったなど、ＥＭの実績を明確に確認することができました。しかも簡略化したＥＭによる埋却法では従来法の二倍以上の処理が可能であり、その後の二次汚染がまったく発生しないことも明らかになったのです。

こうしてＥＭを導入して以降、宮崎の口蹄疫はまたたく間にしぼんでいきました。ＥＭボランティアの一連の行動や成果に対しては農林水産大臣から感謝状もいただきました。

●アジアでじっくりと根を張るEM活動

韓国での口蹄疫対策の例をあげましたが、もともと韓国では一九八三年ころから自然農法関係者によってEMが導入され、農村振興庁や環境省の協力のもとで普及が進んでいました。一時期は日本で起きた〝EMバッシング〟の影響で停滞したものの、二〇〇一年に全州市にある全州大学校から「本学にEM技術を全面的に取り入れ、地方の農業や産業、および韓国全土における環境問題に役立てたい」と申し出があったことを機に、EM普及は一挙に再燃しました。

二〇〇二年に全州大学校でスタートしたEM研究団（プロジェクト）はその後、韓国政府による大学プロジェクトのトップテンにも採択され、二〇〇六年にはEMの専門家を養成する学部まで開設されることになったのです。

と、このように書くといかにも順調に進んだかのようですが、学内の理科系教授の大半は当初EMに対し、疑問または反対という立場にありました。その壁を破ったのが、釜山《プサン》赤十字社の元会長で現名誉顧問の裵命昌《ベイミエンチャン》さんが設立したEM関連会社「EMコリア」の活動です。

ＥＭコリアは釜山赤十字社と協力して、農業はもとより悪臭対策に苦慮している畜産部門で大きな成果をあげ、河川浄化や生ゴミのリサイクルなどに対しても顕著な活動を展開しました。この実績に押されて学内でも次々とＥＭに対する検証が行われ、少子高齢化時代の地方大学の発展策としてＥＭ学部がスタートし、各方面でのＥＭ活動の研究が積極的に行われるようになってきたのです。二〇一〇年の口蹄疫問題の際にも、全州大学校が情報発信基地として、大きな役割を果たしてくれたことはいうまでもありません。

韓国以外にも多くの国々が農業や畜産業にＥＭを採用しています。なかでも普及が進んでいるのがタイで、ＥＭ一号の製造は年間一二〇〇トンあまりと世界トップクラスを誇り、農業、畜産業はもとより水産、環境、貧困対策、医療といったあらゆる分野にＥＭを活用して種々の難問解決に役立てています。

詳しくは次項で述べますが、タイがＥＭで大きな成果をあげたことで、近隣諸国も積極的にＥＭを使いはじめるようになりました。たとえばカンボジアでは現地のＮＧＯである自由クメール協会がＡＰＮＡＮ（アジア太平洋自然農業ネットワーク）と協力してＥＭの製造を開始し、EMを利用した自然農法普及活動に取り組んでいます。

政治的には難しい問題を抱えるラオスでも、二〇〇〇年にビエンチャン市の農業林業局と自然農法センター、APNAN、EM研究機構との間で合意書が結ばれ、本格的な普及が始まりました。農薬や化学肥料の価格が高騰しているラオスにおいては、安価でかんたんに増やせるEMは、貧困農家の救世主的存在になっています。

タイでは国家プロジェクトでEMを導入した

タイにEMが導入されたのは一九八六年、この地で二〇年にわたって自然農法の普及に取り組んでいた世界救世教（SKK）の方から、ぜひEMを試してみたいと連絡をいただいたことがきっかけでした。私自身も以前からタイには何度も足を運んでおり、蘭《らん》や熱帯果樹の研究でたいへんお世話になっていましたから、これを機にタイに恩返しができればという思いでその申し出を了承しました。

SKKがEMに着目した理由や、当時のタイの農業事情などについては、私よりも当事者から説明するのがよいでしょう。以下はSKKタイ国本部長の笠原大峰さんの談話です。

ＳＫＫは一九六〇年代後半からタイで自然農法を推進してきました。タイのような発展途上国では、日本よりもずっと自然に近い農業が営まれているイメージがあるかもしれませんが、事実はまったく逆です。高温多湿で病害虫が多発するから、日本とは比べものにならないくらい大量の農薬を使うのです。

だから農業従事者の健康被害も深刻で、たとえばタバコ栽培がさかんなスコータイ地方では、収穫したタバコの葉を家の中に干していたら、その下で寝ていた家族がみんな死んでしまったという話もあるくらいです。

私たちはこうした国にこそ自然農法を広めなければという使命感のもと、北部チェンマイの山奥に土地を確保して農業センターを立ち上げました。ところがいくら手をかけても作物はうまく育たない。さまざまな方法を試しましたが、五年たっても一〇年たっても成果はあがりませんでした。

自然農法の推進はＳＫＫの大切な教義ですから、たとえ赤字続きであっても私たちは我慢できますが、地元の貧しい農家に「いっしょにやりましょう」とおすすめすることはとてもできません。どうしたものかと思案に暮れていたとき、当時のタイ国本部長がたまたま比嘉先生の講演を聴いてＥＭの存在を知ったのです。

比嘉先生のご指導のもとでＥＭを導入してからは、それまでの苦労がうそのように、味も品質もすばらしい作物が育つようになりました。タイ料理では野菜に火を通さず生のまま食べることが多いので、タイの人は野菜の味にとても敏感です。そのタイ人がおいしいと絶賛するのだからＥＭの力は本物で、評判を聞きつけた農業関係者からは視察や研修の申し込みが相次ぎました。

そしてまた、彼らが研修の成果をそれぞれの地元で実践してくれるようになったため、ＥＭによる自然農法はタイ全土に広まっていったのです。

タイの人々は総じて過去にとらわれない、未来志向の気質をもっています。農業のやり方についても、こっちのほうがよさそうだと思えば、それまでの方法に固執せず気軽に試してみるし、結果がよければ近所の人にもどんどん教えてあげる。

そんな、ちょっとおせっかいな国民性も手伝って、ＥＭは人々の生活に自然と浸透していきました。

タイでも一時期、お決まりのＥＭバッシングが起こりましたが、そのときもタイの人は冷静でした。学者がいくらＥＭは効かないと力説しても、農家の人は「私たちは現場でＥＭを使って成果を出しているのに、なぜ先生がやるとだめなのか」と反論するほどのたくましさで、権威に弱い日本人とは違うなと感心させられたものです。

ＥＭがタイで普及した要因は、価格の安さにもあります。ＥＭはタイでもっとも安価な農業資材の一つであり、貧しい農家でも手が出る価格設定になっています。比嘉先生がすばらしいのは、「私の目標はＥＭで世界中の人々を幸せにすることであり、ＥＭで儲《もう》けるつもりはない」と公言され、実際に特許料などはいっさいとられていないことです。

私たち宗教人と比嘉先生――立場は違いますが人々の幸せに役立ちたいという心は同じであり、だからこそ、ともに歩んでくることができたのだと思います。

笠原さんのお話のとおり、ＥＭは導入当初からタイの人々に好意的に迎え入れられ、一九八九年には国家プロジェクトの一環として、陸軍がＥＭを活用するまでになりました。

陸軍とＥＭの組み合わせは奇妙に映るかもしれませんが、軍隊は何も戦争をするばかりが仕事ではなく、治安維持や貧困対策といったさまざまな任務を負っています。とくに当時のタイでは東北部の貧困が深刻で、森林の伐採による砂漠化や農地の荒廃、共産ゲリラの脅威といった、さまざまな問題を抱えていました。

そこでタイは軍部の主導のもと、貧困対策を目的とした東北緑化プロジェクトに乗り出し、そのツールとしてEMを活用することを決めたのです。なぜEMだったかといえば、コストをかけなくても確実に成果を出せる方法は、EMのほかになかったからです。

陸軍がEM活動の拠点としたのは、バンコクから約一三〇キロの地点にあるサラブリ農場です。約四〇万坪もの敷地をもつこの農場では、EM農法でさまざまな農作物がつくられているほか、EMを使った畜産、植林、水産なども行われています。陸軍はここでEM技術を学んで東北地方の植林や農業振興を推進するとともに、その技術を貧しい人々に伝授することで、貧困の解消につなげようと考えたのです。

実は、サラブリ農場がある場所はもともとタイ政府の開拓村だったのですが、あまりにも土がやせていて作物の育ちが悪かったため、移住した農民がみんな逃げ出してしまったという、わけありの土地でした。

私たちはこのような悪条件下で成功してこそEMの真価をアピールできると考え、あえてこの荒れ地を捨て値で買い取り、手づくりで広大なEMモデル農場を築き上げたのです。

サラブリ農場は開設当初から多くの農業関係者の注目を集めていましたが、公的機関がここでEMを学ぶようになったのは、陸軍が最初です。

陸軍の東北緑化プロジェクトは三年間で終了しましたが、一九九七年からはふたたび陸軍がサラブリ農場で講習を受けるようになりました。今度の講習は陸軍内にEMの指導者を育てるための本格的なもので、少佐以上の管理職が年四回サラブリ農場に泊まり込んで、EMの増やし方から農業、畜産への活用法、EMによる水の浄化まで幅広いメニューを学びました。

自分たちでEMの技術指導ができるようになった陸軍は、貧困に苦しむ地方にサラブリ農場のミニチュア版のようなモデル農場をいくつも立ち上げ、農家への啓蒙《けいもう》活動を展開しました。

その結果、東北部をはじめ国内各地にEM農家が増え、貧困は徐々に解消されていきました。以前の東北部では、貧しさから麻薬の原料であるケシ栽培に手を出す人が後を絶たず、マフィアの一大拠点のようになった事例もありましたが、まっとうな農業ができるようになったことでケシ栽培は激減し、治安もよくなりました。

貧困につけ込んで勢力を拡大していた共産主義グループも力を失い、東北部は本来の平和的な姿を取り戻しつつあります。また、イスラムゲリラに悩まされていた南タイの国境地帯も、EMで地域住民が豊かになり、差別もなくなったことで平穏化しています。

一九九〇年代の初頭には、教師向けのＥＭ講習会も頻繁に開かれました。そのころタイの学校では就業訓練の授業があったため、その時間を使って子どもたちにＥＭ農法を教えようと考えた教師たちが、はるばる技術を学びにきていたのです。

就業訓練の授業はのちのカリキュラム改訂で廃止され、それにともないサラブリ農場での定期講習も五年間で終了となりましたが、ＥＭを学んだ約五〇〇〇名の教師たちは自主的にＥＭ研究会を立ち上げ、いまでも各地の学校でＥＭ教育を行っています。

彼らのＥＭ教育はとても実践的で、生徒にＥＭ活性液やボカシのつくり方を教えて、いっしょに学校農園で作物を育てています。できた作物は学校給食の食材として使い、余れば売って費用の足しにする。こうしてＥＭ自然農法は学校教育のルートからも全国へ広まっていきました。

なお、サラブリ農場には国から正式に認可を受けた農業高等専門学校も併設されており、貧しい農村部の子弟を授業料無料で受け入れて、徹底的にＥＭ自然農法を教えています。この学校で二代目校長を務めたラット・ルジラワットさんは、タイにおけるＥＭ教育の意義を次のように述べています。

「貧しい農村部の子どもは、ほんの少しの駄賃を目当てに農薬散布などの危険なアルバイトを引き受けてしまいます。私がかつて奉職していた学校でも、そうやって大量の農薬を浴びた生徒がある日、朝礼の直後に急死するといういたましい事件がありました。こうした悲劇を繰り返さないためには自然農法への移行が不可欠であり、貧しい農家が継続的に使える有機資材はＥＭのほかにありません。子どもたちへのＥＭ教育を徹底し、ＥＭ自然農法を広めることは、タイ全体の利益になると考えています」

ＥＭで学ぶ「足るを知る経済」の実践

サラブリ農場でＥＭを学んでいるのは公務員だけではありません。毎月一度開催している講習会には、一般の農家や林業者、僧侶《そうりょ》などさまざまな立場の人が一〇〇〜三〇〇名ほど参加し、年に一度の海外向け講習会のときは、インド、パキスタン、スリランカ、カンボジア、台湾などアジアの各地から研修生が集まります。

講習会はこれまで四五〇回ちかく開かれており、修了者は六万人を超えています。さらにサラブリ農場以外でも、陸軍や学校などが独自にＥＭ講習を実施しているため、タイ国内でＥＭを学んだ人の数は私も把握できないほどになっています。

タイの人にとってサラブリ農場が特別なのは、国王陛下が提唱する「足るを知る経済」の実践方法を学ぶ場でもあるからです。足るを知る経済とは、なるべくむだなものを買わず、お金に翻弄《ほんろう》されることなく身の丈に合った生き方をしようという哲学であり、自給自足的な生活の実践例として「敷地全体の一〇％を稲作にあてて、一五％で野菜を育て、五％で豚を飼って、五％で魚を養殖し……」と具体的な指標を示しています。

サラブリ農場の一角には、この指標に沿って設計したモデル農家が存在します。一般的な農家の規模である五ライ（八四〇〇平方メートル）の敷地内には、寝起きするための住居、水田、野菜やハーブの畑、キノコの栽培場、果樹、養豚場、養鶏場、食用ナマズの養殖池、汚水処理施設があって、自給自足的な生活が十分に実現可能であることを示しています。

当然そのすべてはEMで管理されていますし、逆にいえばEM以外の方法でこの自給自足モデルを実現することはできません。養殖池の横の畑で農薬をまけば魚はすぐに死んでしまうし、汚水を処理して再利用することもできなくなるからです。

講習会の参加者は、このモデル農家で使われているすべての技術を、だいたい四泊五日で習得します。農業から畜産、水産、汚水処理施設までそろうサラブリ農場は、「足るを知る経済」に必要なEM技術を実地に学ぶには、うってつけの環境なのです。

世界のエビ養殖の地図を塗り替えた技術指導

私はタイにEMを導入した当初から、この国を拠点として近隣諸国にもEMを広げたいと考えていました。そこで一九八九年、タイ東北部のコンケン大学で国際会議を開き、EM自然農法に賛同するアジア各国の学者や農業関係者を集めてAPNAN（アジア太平洋自然農業ネットワーク）を立ち上げました。当初は小さな組織だったAPNANも、いまやアジア・オセアニアの一五か国でEMの普及活動を展開する規模となっています。

そんなAPNANで長年にわたってEMの普及に取り組んでいるメンバーに、ソムラックサナ・ポンディット女史がいます。彼女はかつて国の教育機関で要職についていましたが、講習会でEM自然農法を知ってその理念に共感し、国家公務員の地位をなげうってEM活動に人生を捧《ささ》げてくれるようになりました。サラブリ農業専門学校の初代校長を務めたあとにAPNAN職員となり、現在もアジアを飛び回ってEMの普及に力を尽くしています。

彼女が担当しているのは主に水産分野の技術指導で、最初はタイ国内のエビ養殖からスタートしました。エビ養殖というのはリスクの大きい商売で、利益が出るかどうかは養殖場を何年使えるかにかかっています。

というのも、ふつうにエビを養殖しているとエサの食べ残しや糞、死骸、薬剤などが汚泥として水底にどんどん堆積し、水質悪化と病気をまねくため、養殖場はわずか数年で使いものにならなくなるからです。

ところがEMを使うと、微生物が汚泥を分解してくれるので、養殖場はいつまでもきれいに保たれ、pHは安定し、薬剤を使わなくても病気はほとんど発生しなくなります。

ソムラックサナ女史は農家の人に対してこうしたEMの知識に加え、エビ養殖に関する幅広いノウハウを教えてあげます。

たとえば稚エビを養殖場に放すときは水温に慣らしてから入れると死亡率が下がるとか、エサの食いが悪いときは細かく刻んだガーリックを混ぜるといいとか、小難しい理論ではなく、農家の人が本当に必要としているテクニックを具体的に教えてあげるため、彼女の講習会はとても評判がよいのです。

おかげでタイのエビ農家には爆発的にEMが普及し、養殖場の耐用年数が大幅に向上したのはもちろん、エビの生存率も七〇％近くにまで回復しました。薬剤をいっさい使わない、オーガニックのエビ養殖の認定をタイで最初に獲得したのもＥＭ農家でした。

この成果をもとにソムラックサナ女史は隣国ベトナムでもＥＭ普及に乗り出すのですが、その際には競争激化を危惧《きぐ》したタイの水産関係者から「ベトナムに教えるのはＥＭ技術の一部だけにしてほしい」と懇願されたこともあったそうです。

もちろん技術を独占したり出し惜しみをするのはＥＭの理念に反しますから、ソムラックサナ女史はその依頼をやんわりとお断りして、ベトナムでもタイと同じように講習会を実施しました。

その結果、ベトナムのエビ農家にもＥＭは急速に広まり、ついには価格や生産量でタイを圧倒するレベルにまでなりました。

当時、タイのエビ養殖といえばブラックタイガーだったのですが、ブラックタイガーではベトナムに太刀打ちできないということになって、タイのエビ農家はほとんどホワイトシュリンプという種類に鞍替《くらが》えしてしまったほどです。

同じようにＥＭを使っていたのにタイが不利になってしまったのは、国の政策や輸送ルートなどさまざまな要因が関係しているので、農家の方にはやや気の毒なことではあります。それでもタイのエビ農家はホワイトシュリンプでしっかり成功しており、それを如実に物語るのが〝生存率一二〇％〟という数値です。

この数字はどういうことかというと、稚エビを卸す業者はエビが弱って死ぬことを前提に、一〇〇匹の注文に対して一三〇匹くらい納入するのが一般的になっています。ところがEM農家ではほとんどエビが死なないので、稚エビを注文した数と出荷量を比べてみると、出荷量のほうが多いという不思議な現象が起きてしまうのです。

ソムラックサナ女史はこうした成果をコスタリカのアース大学やエクアドルなどで次々と発表しました。すると、エビ養殖にEMを活用する動きは世界的に広がり、純生産量が二倍、三倍になる地域も続出して、世界のエビ産業の勢力図は大きく塗り替えられることとなったのです。その詳細は本章でのちほど紹介します。

世界一幸せな国ブータンは教育現場にEMを導入

「幸福こそ人と国家の究極の目標である」という理念のもと、金銭的・物質的豊かさではなく精神的な豊かさを追求した国づくりをすすめるブータン王国は、ときに「世界一幸せな国」とも評されます。けれども、この小国もまた深刻な問題を抱えています。農業を主力産業としているにもかかわらず、農業に適した平地が少ないために生産性は低く、人口の増大に食糧生産が追いつかなくなっているのです。

その解決策として、ブータンの農業省と教育省は二〇〇五年から「学校農業プログラム」を開始し、授業のなかでEMを活用した資源循環型農業を教育することになりました。指導にあたる教員は、自然農法とEM技術に関する研修を受けたうえで、生徒とともにEM活性液づくりや堆肥づくり、無農薬野菜の栽培、畜産や水産養殖などに取り組んでいます。

当初は六校のパイロット校から始まったこのプログラムは、いまでは八〇を超える全高校に広がりました。EMを活用した自然農法体験を通して労働の尊さを学び、身の回りの環境問題への関心を高め、限られた資源を生かして食糧を生産し、自らの環境や健康問題を解決する。こうした環境で育った若い人材が、卒業後はそれぞれの地元で農業の担い手となって国の持続的な発展を支えていく。

華々しさはないものの、ブータンでは着実にEMが浸透し、同国を名実ともに「世界一幸せな国」へと導く力となっています。

●ＥＭの専門家を輩出するコスタリカのアース大学

現在、ＥＭは世界一五〇か国以上に広がっていますが、近年とくに普及がめざましいのは中南米で、その一大拠点となっているのがコスタリカのアース大学です。

アース大学は、熱帯湿潤地域における農業開発の担い手を育成することを目的として一九九〇年に設立された非営利の私立大学です。環境保全と経済性の高い農業を両立させる道を模索するなかでＥＭに出合い、一九九六年以降、ＥＭ研究機構から派遣される客員教授のもとで実践的なＥＭ教育を行うようになりました。

アース大学ではＥＭの基礎的な技術を学ぶ授業が一年生の必修科目になっているほか、二年次以降も、ＥＭ製品の製造販売を行う実習や、国外のＥＭ拠点での農業研修など多彩なＥＭ科目が開講され、毎年二〇名前後がＥＭをテーマとした卒業論文に挑んでいます。

また、学生のみならず外部からの聴講生を対象とするＥＭ講習会も頻繁に開かれています。

アース大学には中南米の各国から学生が集まり、卒業後は母国で積極的にＥＭ技術を活用しています。なかには農業省のリーダーとしてＥＭ普及を推進したり、地元でＥＭの生産販売会社を設立したりするケースも多く、こうした卒業生の活躍が中南米でのEM普及を強力に後押ししているのです。

エクアドルでは、エビ養殖やバナナ栽培の先進事例

エクアドルでEM推進の中心を担っているアース大学の卒業生会の事例を紹介します。

エクアドルにおけるEMの導入のきっかけは、エビの養殖場でホワイトスポットウイルスが大発生したことでした。その対策として一般的には抗生物質などを使いますが、先進国の大半は抗生物質を使用したエビの輸入を禁止しています。EMがすべてのウイルスに対してきわめて高い抑制効果をもつことは口蹄疫の項で述べたとおりであり、それを熟知している卒業生がEMの活用を提案したのです。

ホワイトスポットウイルスの発生後、エビ養殖の収穫はヘクタールあたり一・二トンから二〇〇キログラム以下にまで落ち込んでいました。しかしEMを使いはじめた直後から生産量はてきめんに増大し、三～四年後には元のレベルにまで回復、なかには過去最高の収穫を実現したところもありました。

今後さらにＥＭ活用を徹底すればヘクタールあたり一・五～二トンの収穫も可能であり、その技術指導も進んでいるため、エクアドルのエビ養殖場全体にＥＭが普及するのも時間の問題といえる状況になっています。

エクアドルではバナナ栽培にＥＭを活用する動きも広まっています。なかでも有名なのは田辺正裕さんという日系人が経営するバナナ園で、除草剤を使わずに一〇〇〇ヘクタールもの農地をＥＭで管理し、有機栽培と同等以上の品質を実現していると高い評価を受けています。

三年ほど前に田辺農園を視察した際も、バナナの葉の大半は直立して理想的な姿を保ち、果実には豊富な抗酸化物質が含まれ、ＥＭの施用技術やシステムがきわめて望ましいレベルに達していることが確認されました。「ＥＭでバナナが本当に元気に育ち、こんなうれしいことはない」というのが私の率直な感想です。

なお田辺農園では収穫物の大部分を日本に輸出しています。市場でエクアドル産のバナナを見つけたらぜひ生産者を確かめて、「田辺農園のバナナ」を求めてご賞味ください。田辺農園のバナナは正真正銘の健康食品であり、本当のバナナの味がします。

また、エクアドル最大の港湾都市であるグアヤキル市では、以前から環境対策にEMを活用していましたが、二〇一〇年の名古屋でのCOP10（生物多様性条約締約国会議）を機に、今後はこの取り組みを国家プロジェクトとして推進していくことが決まりました。

すなわち、EMによって海洋汚染をはじめとするさまざまな環境問題を解消し、生態系の多様性を維持していく。そのためにわれわれも技術協力を惜しまないという旨の合意書を、エクアドルの環境大臣との間で交わしたばかりです。この合意に基づき、エクアドルでは今後いっそうEMの普及が加速していくことを期待しています。

短期間でEMモデル国となったコロンビア

コロンビアでも、二〇〇〇年からEMによる生ゴミのリサイクルや畜産公害対策が始まりました。当初はアース大学の卒業生たちを中心とする小規模な活動でしたが、農業大臣の顧問もアース大学の出身でEMに対して理解がありエキスパートであったこと、またMD財団の全面的な協力を得られたことから、わずか数年でEMは国中に広まりました。

MD財団とは、カトリック系の神父さんが「一日一分でもいいから人のために役立つことを考え実行しよう」と呼びかけてスタートした団体で、貧困者の自立のために政府と二人三脚で幅広い支援活動を行っています。

このMD財団が、政府の要人を含む会員や、全国三五万人以上のボランティアメンバーに呼びかけてEM推進の音頭をとってくれました。さらに系列大学に環境と農業のコースを新設し、EMによる問題解決法を教育するようになったことで、コロンビアでは爆発的にEMが普及したのです。

EM導入の端緒となった生ゴミリサイクル運動も、いまや二九の自治体による公的なプロジェクトになりました。自治体がEMボカシとバケツを各家庭に無償で提供し、発酵処理された生ゴミを毎週回収して、堆肥場で有機肥料に再資源化する。このすばらしいシステムができたことで、コロンビアの有機農業は飛躍的な発展を遂げ、同国はまたたく間に世界一の有機の花の産地になりました。

エビ養殖に関しても、スケールでいえばエクアドルには及ばないものの、システムの完成度ではコロンビアに軍配が上がります。一般的にエビ養殖の収量はヘクタールあたり二トンが限度とされ、無理に四トン、五トンと欲張ろうものなら病気が蔓延《まんえん》して数年でだめになるといわれています。ところがコロンビアのカリブ海側、カルタヘナ地区にある八五〇ヘクタールのエビ養殖場では、ＥＭを導入して五年でこうした問題をすべてクリアし、ヘクタールあたり五～六トンという驚異的な収量を実現しているのです。

しかも養殖後はＥＭ入りの海水を海へ流すため、排水が放流される周辺の海域は大々的に浄化されている。ふつうなら養殖場からの排水は環境汚染の引きがねになるところですが、ここではまったく逆の現象が起きているのです。

海から引き込む海水よりも養殖が終わったあとのＥＭ入りの海水のほうがずっときれいだということは、政府が抜き打ちで行う水質調査でも証明されています。


また、コロンビアはサトウキビのアルコール廃液についても世界に誇れるリサイクルシステムをつくりあげています。

バイオ燃料としてのアルコールは世界的なブームですが、その廃液は悪臭を発し、水系の汚染源として大きな問題になっています。そこでコロンビアではサトウキビからアルコールをとった廃液にＥＭを添加し、サトウキビ畑に戻す試みを始めました。

結果、肥料は四〇～六〇％節減され、収量も三〇～四〇％増加、病害虫が激減し、株出しが一五年以上も可能になるといった数々の成果をもたらしたのです。

ほかにもコロンビアではコーヒー豆の栽培や土木建築分野、教育分野などでもＥＭを積極的に活用し、世界的なモデルをつくりはじめています。

ペルーでは貧困農家の自立支援にＥＭを活用

ペルーでは、アース大学の卒業生が始めたＥＭによる貧困農家の自立支援事業が顕著な成果をあげています。

化学肥料や農薬の価格が数倍にはね上がって以来、ペルー北部の山間部のワラス地区では農地を捨てて都市部に流入する農民が後を絶たず、膨大なスラムが形成されました。政府は当初、この打開策として有機農法への転換を図ったようですが、ことごとく失敗し、貧困に拍車をかける結果となってしまいました。そこで、このワラス地区に住んでいたアース大学の卒業生夫婦が、ＥＭによる貧困対策に乗り出したのです。

彼らはワラス地区の貧困農家に対し、下肥を含め家庭から出るすべての有機廃棄物をＥＭで処理することで、貧困や農業、環境、健康の問題を根本的に解決しようと提案しました。当初は「微生物にそんな力があるのか？」と懐疑的だった地元住民も、その効果を目の当たりにして考えを改め、ＥＭ活動に賛同するようになりました。

その後、農業省の中に設立された貧困農家支援のための事業団や、国内トップの農科大学である国立ラ・モリーナ農科大学もこの取り組みを全面的に支援したことで、ＥＭ活動の輪は四〇万世帯にまで広がりました。アース大学の卒業生夫婦は、いまやワラスの救世主とまでいわれています。


ペルーではまた、チチカカ湖の汚染対策にもＥＭを活用しています。第１章でグアテマラのアティトラン湖がＥＭできれいになったという事例を紹介しましたが、それと同様の取り組みがこの地でも行われているのです。

チチカカ湖の汚染源は、河川から流れ込む都市部の生活排水です。そのため汚染のひどい三本の河川を上流でせき止め、そこにＥＭを投入して、ため池からオーバーフローする水だけをチチカカ湖に流すようにしたのです。この処理によって湖の入り口に堆積していたヘドロはまたたく間に消え、悪臭もなくなって、チチカカ湖は見違えるほど美しくなりました。

なおペルー政府の事業団からは、ＥＭ研究機構からの正式な技術支援を受けてＥＭをペルー全土に広め、貧困や環境、健康の問題を根本から解決したいという旨の申し入れも受けており、現在、協定書を作成中です。

日本大使館の協力でウルグアイのEMモデル事業

同じく南米ウルグアイでもEMによる貧困対策プログラムが展開されていますが、同国でEM活動を主導しているのは、アース大学の卒業生ではなく日本の外務省やNGOです。この他国に例のない普及体制について、詳しくご紹介したいと思います。

きっかけは、公益財団法人オイスカの三上隆仁さんからのオファーでした。オイスカは農業を通じた人づくり・国づくりを推進するNGOで、そのウルグアイ理事長である三上さんは、同国においてユーカリなどの植林事業を三〇年もの長きにわたって指導し、世界最大級の紙パルプ工場を二社も立ち上げるのを支えた陰の功労者です。

その三上さんがEMにほれ込み、「これまでの経験をふまえ、ウルグアイを世界のEMモデル国家にしたい」と申し出てくれたのです。

ウルグアイは人口三〇〇万人あまりの小さな国ですが、開発可能な平原は日本の農地の数倍も残されています。世界的な食糧危機や食の安全性の問題、地球温暖化対策などさまざまな要件を考え合わせても、ウルグアイには未来型のEMモデル国家となりうる諸条件が備わっています。私は三上さんの要請を快諾し、専門家の派遣やEM一号の供給など全面的な支援を約束しました。

一方の三上さんは、ウルグアイ政府を説得するとともに、日本にも何度も足を運んで大使館の協力を取りつけてくれました。当時の在ウルグアイ日本国大使であった竹本孝之さんもわれわれの提案に共感し、年間一〇〇〇万円の予算を確保してくれました。こうしてオイスカと外務省、EM研究機構の三者連携のもと、ウルグアイにおけるEMモデル事業が立ち上がったのです。

それから五年、すでに国内五か所の重点地区に拠点が整備され、EMの生産や人材育成、生ゴミリサイクルなどが行われるようになりました。今後はこのEM拠点を四〇か所にまで拡大するのが目標で、そのために現在はEM研究機構と名桜大学国際EM技術研究所の支援のもと、ウルグアイ政府の数々のプロジェクトとリンクさせながら実績をつくることに専念しています。

もちろん最終的な目標は、農業、環境、医療、エネルギーなどあらゆる分野においてウルグアイを世界のモデル国家へと導くことです。五年間の取り組みの結果、その道筋も見えてきました。

もともとウルグアイは、牧畜と林業の国です。この一次産業全般にＥＭを徹底して活用すれば生産性を数倍にすることも容易であり、また畜産と連携して有機農業を推し進めることで、世界でもっとも安全で機能性の高い食糧を供給することも可能となります。

さらにパルプ工場の廃液や一次産業由来の廃棄物、下水にＥＭ処理をほどこせば、汚染源はすべて良質な農業生産資材に変わり、環境を浄化する力として活用できます。これは大量の炭酸ガスを大きな資源として回収することと同義であり、地球温暖化対策の決定打になるものです。

加えてバイオ燃料やバイオプラスチック技術も応用すれば、ウルグアイは人々が健康で、環境がよく、石油に頼らない新しい産業構造をもった世界のモデル国として歴史的な役割を果たすことができる。私はそう確信しています。

そのためには日本政府のさらなる支援が必要です。幸いなことに、竹本さんの後任である佐久間健一大使もＥＭへの理解が深く、予算の拡大にも尽力いただきました。

ウルグアイにおけるＥＭプロジェクトは確実に現地の産業の創出に結びついており、日本大使館の主導による長期安定的な産業創出支援事業としては最初の成功例といってもいいものです。日本の国際貢献を考えるうえでもきわめて重要な事例であり、今後の展開には多方面から注目が集まっています。

ヨーロッパに広がる農業や畜産へのＥＭ活用

ここまでアジアや中南米の事例が続きましたが、ＥＭはヨーロッパでも広く活用されています。ＥＵは農薬への規制が非常に厳しく、既存の農薬の多くが使用禁止になっているため、それに代わる手段としてＥＭに注目が集まっているのです。

なかでもスペインは一九九四年と早い段階からＥＭを導入し、ヨーロッパ普及の出発点としてさまざまな取り組みを行っています。

たとえば南部のアンダルシア地方ではＥＭを使って三〇ヘクタール以上のハウス栽培が行われ、収穫個数や個体重量の増加、病害虫の抑制など多くの成果をあげています。

もちろん各家庭の生ゴミ処理にもＥＭが活用されており、二〇一〇年四月にはスペイン北西部ガリシア州で州政府認可のもと、一万個のＥＭだんごを干潟に投入するイベントも実施されて、大きな反響を呼びました。

そのスペインを追い上げているのが、ポーランドです。ポーランドは国の方針として「食物連鎖の品質保証」を進めており、それを実現するためにEUではじめてEMを畜産用資材として正式に認可しました。

ここまで何度か説明してきたように、畜産にEMを徹底活用すれば抗生剤などの大半は不要になり、経済的なメリットのみならず家畜の健康にも好影響を及ぼします。さらに肉質や牛乳、卵などの品質も大幅に改善され、微生物や化学物質の汚染も防止でき、その廃棄物は有機肥料として最良のものになる。

そのためEMは、ポーランド政府が掲げる「食物連鎖の品質保証」を実現する要《かなめ》として大きな期待を集めており、同国プワヴィ国立獣医学研究所も「畜産にEMを活用することは、環境問題の解決や食の安全性を保障するうえできわめて効果的」という結論を出しています。

このようにEMを畜産用として認可することは、法的なしがらみの多いほかのEU諸国では不可能にちかく、他国では畜産農家の自己責任で使われているのが現状で、国策にするまでには、かなりの年月が必要と考えられます。

つまりポーランドは、ＥＵにおいてＥＭ技術の独走体制に入ったことになり、このまま研究を発展させれば、畜産や有機農業の分野で世界をリードする存在になる可能性も十分にあります。

このほか近年は東ヨーロッパでもＥＭ活動が活発化しています。たとえばスロベニアでは「セラピー効果のあるＥＭ入り化粧品」というユニークな商品が開発され、サッカーのスロベニア代表選手も愛用しています。

また、クロアチアでは下水などの汚水処理場にＥＭを投入してアドリア海を浄化する運動を展開し、かなりの成果をあげています。この方法は下水施設の整備が十分でない地域でも即応用できるため、イタリアなど近隣諸国にも広がってほしいと期待しています。

紙面の都合で今回も特徴のある事例紹介に限らせてもらいましたが、アメリカではニューメキシコ州やアリゾナ州を中心に、塩害対策を含め数千ヘクタールの単位でＥＭが活用されています。

アメリカ式の大型のＥＭパイプラインシステムは、ロシアや中国、ブラジルなどでも実施されつつあります。その結果、農業の大手国際資本もＥＭに注目しはじめており、ＥＭ

研究機構と具体的な合意書を交わす例が増えてきました。

また、中国やインドの例も割愛せざるをえませんでしたが、両国でもさまざまなEMプロジェクトが着実に広がっています。

このままいけば「人類の食糧問題を完全に解決する」というEMの当初の目標を達成できる日も近いと確信しています。

第3章

ますます広がる応用技術

ＥＭ効果の基本はすべてを蘇生させる抗酸化力

ここまで蘇生《そせい》型という言葉でかんたんに説明してきましたが、ＥＭの本質的な効果は、三つの要素がセットになって引き起こされています。抗酸化作用と非イオン化作用、触媒的にエネルギーを与える三次元（３Ｄ）波動の三つです。このうち最初に明らかになったのは抗酸化作用、すなわちＥＭが多様な抗酸化物質を生み出すということでした。

そもそも生命力が衰退したり物質が劣化したりしていくのは、酸化によってエネルギーを失い劣化するためです。私たちがふつうに吸っている分子状の酸素には直接的な酸化力はありませんが、酸素が活性化してフリーラジカルとなったとき、すべてを崩壊させる力をもつのです。塩素や窒素酸化物、硫化物など、あらゆるイオン化した成分がそういう作用をもつようになります。

この酸化に抵抗する力が抗酸化です。最近では酸化、抗酸化という言葉もずいぶんメジャーになりましたが、私がＥＭの抗酸化作用を発見した当初は、まだ一般的にほとんど使われていない言葉だったので、説明に苦労したものです。とはいえ酸化、抗酸化は重要なキーワードですから、あらためて基本から説明したいと思います。

私たちが吸っている空気の二一％は酸素です。酸素は人がエネルギーを生み出すために不可欠なものですが、体内に取り込まれた酸素の何割かは使われることなく、そのまま酸化して、老化や病気の引き金になってしまいます。

体内でつねにこうした反応が起きているにもかかわらず、人間が健康を保っていられるのは、過剰な酸化を防止する抗酸化力と免疫力があるからであり、その観点からみれば、酸化に打ち勝つＳＯＤ（生体内活性酸素消去酵素）活性をはじめとする酵素活性こそが、生命力の源を支えているのです。

ところが現代社会に生きるわれわれは、農薬や化学物質による食品汚染、環境汚染、過剰な投薬、電磁波など、あまりにも多くのフリーラジカルにさらされているため、本来もっているＳＯＤ活性や酵素活性だけでは太刀打《たちう》ちができない状況になっています。

その結果、免疫力も低下し、各種のアレルギー反応や原因不明の難病など、いままで絶対に負けるはずのなかった有害微生物やウイルスに、コロリと負けたりするのです。

環境の悪化や地力の衰えも根は同じで、フリーラジカルの増大によるものです。酸素が多くを占める大気中においては、酸素を使って有機物を分解する微生物の勢力が強く、その酸化力が有害な微生物による腐敗や悪臭につながっています。この連鎖的な環境悪化を食い止めるには、強力な抗酸化作用をもつEMを活用して有害な酸化酵素をもつ微生物を無力化し、周囲の微生物相を蘇生の方向に導いていくほかありません。

EMは、低分子化した多糖類やバクテリオシンのように強い抗酸化作用をもつ抗酸化物質や機能性物質、さらにミネラルを含む可溶性栄養物質を、二四時間休みなく生み出す力をもっています。

EMを使いつづけると植物が非常によく育つのも、環境を浄化させるのも、資材を強くするのも、生物が健康になるのも、もとをただせばこの抗酸化作用や抗酸化物質をつくり出す力によるものです。

実際に、EMを投入したら活性化した重金属のフリーラジカルが消え無害化した、農作物の収量が倍増した、機械油に混和したら防錆《ぼうせい》効果があらわれた、腐りかけの食品が食べられるほどの状態に戻った、紙やプラスチックの再生品が新品同様の品質になったなど、EMの抗酸化効果を証明する実例には事欠きません。

また、いま問題になっている低線量被曝《ひばく》も、その多くは放射性物質によって生じるフリーラジカルによるものであり、たとえ放射性物質が存在しても、その害があらわれないという決定的な力をもっています。

このように、これまでの常識では説明できない各種の蘇生的現象は、すべて抗酸化反応を基本としたものであり、物質の劣化対策や有害物の抑制、生産力の応用など、あらゆる分野に活用されています。

日常生活で活用されるEMの非イオン化作用

抗酸化作用の次に明らかになったEMの特性は、非イオン化現象です。

物質は、酸化し劣壊してある一定以上の小さな粒子になると電気を帯びるようになります。この電気は結合力があるため、いろいろな元素を活性化するためにも使われますが、一般的には有害なホコリとなって汚れの原因となったり、体内に取り込まれた化学物質の排出を阻害するなど、マイナスの影響を及ぼします。EMはこれらを非イオン化する、すなわち電気を帯びない状態に戻す力をもっているのです。

たとえば窓ガラスの汚れや衣類のホコリ、室内のホコリなどはすべて電気を帯びていますが、ＥＭを吹きつけて処理するときれいに取れて、再汚染することなく、すがすがしい状況になります。

　とくに電化製品のホコリや汚れはやっかいですが、ＥＭの非イオン化作用でかんたんに解消することが可能です。

　私は仕事がら、臭気がひどくホコリまみれの宿やホテルに泊まることがあります。そんなときは、一〇〇〜二〇〇倍に薄めたＥＭをコップ二〜三杯ほど、部屋中に指ではじくようにまいています。するとタバコやそのほかの臭気はたちどころに消え、部屋の空気は深呼吸ができるくらいきれいになります。

　ホコリのひどい養鶏場や学校のグラウンド、ゴミ処理場、工場や工事現場でもＥＭは抜群の威力を発揮します。

　こうした場所をＥＭで掃除するとゴミがつきにくくなり、窓ガラスなどは一回ふいただけで一年以上もきれいな状態を保つことができます。これらはすべて、イオン化した物質がＥＭの力で電気を帯びない状態に戻ったためです。

　この非イオン化作用とすでに述べた抗酸化作用が連動すると、生命体、非生命体にかかわらず、すべてのものの劣化防止にいちじるしい効果があります。

シントロピーの根源を支える波動作用

三番目の特性は、抗酸化作用や非イオン化作用と連動してはたらく、波動の作用です。ＥＭによる波動作用はあらゆる物質や生命体を蘇生の方向へと導き、しかも時間の経過とともにその効果が明確にあらわれてきます。

たとえば鉄は、ふつうなら時間とともにどんどん酸化してさびていくばかりですが、表面にＥＭ処理をほどこすとしだいにくろがね色の機能性の高い鉄に変わってしまいます。

また、コンクリートにＥＭを混ぜると界面活性がいちじるしく高まるため強度が増し、石灰岩のように水分をはじき、まったく酸化しないようになります。同時に直射光線に当たるとさらに密になり、強度が高まるという不思議な現象があらわれてきます。これらを建築に応用すれば二〇〇年も三〇〇年も劣化しないコンクリートをつくることができ、管理次第では一〇〇〇年も使えるような強い建物をつくることも可能となります。

波動には、大きく分けて物質や生命体を崩壊へと導く波動と、蘇生へと導く波動の二種類があります。前者は、ガンマ線やエックス線、紫外線、マイクロ波といったもので、EMの波動は後者にあたりますが、その違いは何かといえば、一つはその構造にあるといえます。

崩壊型の波動が二次元（横波）の構造をもっているのに対し、EMの中心となっている光合成細菌の電子伝達系は三次元のコイル状（ヘリカル構造）になっています。そのため有害な波動を三次元コイルを通して使えるエネルギーに転換（励起）し、エネルギー回路や電気回路にエネルギーや電気を流すことができる。近年、EMが生物触媒や水素発生微生物として多方面で応用されはじめているのはこのためです。

この機能は発電機にたとえるとわかりやすいと思います。発電機は三次元（立体）構造のコイルの中に磁石が入っていて、それを回すと電気が発生するしくみになっています。ではその電気はどこからきているかといえば、動かしているエネルギーということになっていますが、コイルを回すことによって磁場がはたらき、宇宙に充満しているエネルギーが利用可能な状態になって出てくるという考えも成立します。

光合成細菌の電子伝達系のもつヘリカル構造はこれと同様で、直接的に使える電気を生み出す機能をもっているため、有害なエネルギーを有用なエネルギーに転換することができるのです。ヘリカル構造のエネルギー転換機能の代表といえばカーボンマイクロコイルですが、ＥＭはこれとまったく同じ性質をもっています。

一方、すべての物質は酸化してエネルギーを失うと電気を帯びるようになり、その電気が消費されると電気のゴミが生じます。電磁波や静電気といった二次元の波動はほとんどがこの電気のゴミといっていいもので、波動汚染としてさまざまな問題を引き起こします。

ところが、ここに光合成細菌の触媒作用がはたらくと、対象の帯電は食い止められ、非イオン化して使えるエネルギーに転換される。つまり汚染源になりはてていたゴミが、ふたたび資源へと姿を変えるのです。この原理の応用は、静電気や電磁波対策はもとより省エネ機器にも活用されはじめています。

これまでの説明では私は汚染をゴミ扱いしてきましたが、汚染もまたエネルギーであることに変わりはありません。ゼロを起点にプラスへ向かえば利用可能なエネルギー、マイナスへ振れれば汚染というだけの違いです。ＥＭの波動は、そのマイナスのエネルギーをプラスの方向へ転換させる。すなわち汚染がひどいケースほど、大きなエネルギーを生むということにもつながっています。

実際、ＥＭを川や海に投入すると、汚染された場所ほど急速に浄化されて生態系が豊かになり、魚がより多くとれるようになるという例は、世界各地で確認されています。

次項で詳しく述べますが、ＥＭが放射能対策に有効なのも同じ理屈で、光合成細菌を強化したＥＭ活性液を汚染された土壌に散布すると、放射能の強烈なマイナスエネルギーがプラスに転換されるのです。チェルノブイリ事故後の実験では、汚染された土地にＥＭを散布して小麦やトウモロコシを育てたところ、通常の倍も作物がとれたという報告もあがってきています。

今回の福島でも、ＥＭを活用している農家からは「例年より雨が多いにもかかわらず作物は病気にならず、これまで経験したことのないできばえである。果物の品質も悪天候にもかかわらずかなりよい結果である」という感想が聞かれました。

放射能汚染対策に解決の糸口が見えた

ＥＭの抗酸化・非イオン化作用と触媒的にエネルギーを転換する力は、放射能汚染の対策に有効です。

一般的には、放射能には決定的な対策法がなく、時間とともに減るのを待つしかないと考えられています。しかしEMを活用すれば、短期間で土壌の放射能を除染することが可能です。信じがたいかもしれませんが、放射能が消えたか否かは測ってみればわかることであり、過去の私たちの実験データはすべて「効果あり」と語っています。

ＥＭ研究機構は、史上最悪の原発事故といわれたチェルノブイリの事故から今日まで、その風下で被災したベラルーシにおいて、ベラルーシ国立放射能生物学研究所と共同でさまざまな研究を行ってきました。その結果、ＥＭは放射能によって汚染された土壌の浄化にも効果があるという確証を得ているのです。

一九八六年に起きたチェルノブイリ原発事故では、四号機がメルトダウンののち爆発して、広い範囲に放射性物質が飛散しました。なかでも風下のベラルーシでは、国土の二三％が被災したと認定されているほか、汚染の境界があいまいなグレーゾーンもかなりの範囲に及び、そこでは事故後も農業や畜産業が営まれてきました。

二〇〇一年にベラルーシ放射線安全研究所が全国で牛乳検査を行った結果、一一〇〇もの農村において放射性セシウム一三七による放射能が、一キログラムあたり五〇ベクレル以上となったことが確認されました。ＷＨＯの基準である一キログラムあたり〇・三ベクレルと比べると相当高い値といえます。

セシウム一三七の半減期は約三〇年と長いうえ、カリ肥料と同じように作物に吸収されやすく、食物を通して体内に入り、内部被曝の原因となります。これにともなう対策としては、せいぜい汚染された表土をはぎ取って放射能が消えるまで待つか、内部被曝につながらないよう、食用の作物はつくらないといった程度のことしかできないと考えられていました。時間面でも予算面でも気が遠くなるような話です。

ところがわれわれがベラルーシで行った実験の結果は、この通説を根底から覆すものでした。結論から述べると、土壌にＥＭを散布するだけでセシウム一三七はいちじるしく減少し、農作物への吸収もほぼゼロにまで抑制されることがわかったのです。

一九九八年、われわれはベラルーシ国立放射能生物学研究所の所長であるエゲフニー・コノプリヤ教授の協力を得て、同国の立ち入り禁止区域内にある麦畑や牧草地にＥＭを散布してもらいました。

数か月後に同じ場所で調査を行うと、放射線線量計の数値はどこも一時間あたり一・〇マイクロシーベルトを示しているのに、ＥＭを散布した畑の中心部分だけは〇・八五〜〇・九マイクロシーベルトと、周囲よりも明らかに低い数値となっていました。

誤差の可能性もあると思い、ＥＭ処理区の内側と外側を何度も往復して測定しましたが、結果はやはり同じで、中心部の放射線量は一〇～一五％も減っていたのです。

同じようにＥＭ処理をほどこした区域でも、中心部だけ放射線量が低い理由は、外側のほうは隣接する非処理区域から放射能をかぶっているためだろうと思われました。

そこで私は、ためしにＥＭセラミックスパウダーを土の上に薄くまいて、その上に線量計を置いてみました。すると放射線量は一瞬ゼロ近くにまで下がり、そののちかなりゆっくりと元の数値に戻っていきました。セラミックスパウダーをまいていないところは、線量計はすぐに同じ数値を示したのです。

この現象は、ＥＭによって真下の土壌は浄化されたものの、それを上回る放射線が周囲から降り注いだために数値が元に戻ってしまった結果だと考えられます。

同行したコノプリヤ教授は当初、この測定結果を見ても、ただの偶然か線量計の誤差だろうといって、まったく相手にしてくれませんでした。しかし私は教授を根気強く説得し、「研究者のカンとしていえば、きょうの出来事はけっして偶然ではない。私のこうしたカンは外れたことがないので、ＥＭの施用量を増やして再度調査すべきである」と提案しました。

実は、この年にまいたEMは一ヘクタールあたり五〇リットルと非常に少なく、一般の農業で使う量の一〇分の一程度でしかありませんでした。それでも放射能を一〇～一五％減らすことができたわけですが、施用量を増やせばより効果は高まり、誤差とはいわせない結果を出せるという確信があったのです。

コノプリヤ教授は半信半疑ながら私の提案を了承し、翌年には一ヘクタールあたり五〇リットルのEMを散布してくれました。すると効果はてきめんで、EM処理区内の放射線量はのきなみ一五～三〇％も減少したのです。さらにEM処理区で育てた農作物からは、ストロンチウムはもとよりセシウム一三七も検出されず、例年よりもすくすくと生長がいいという結果になりました。

この事例はドイツのフンボルト大学の教授経由でウクライナにも知らされ、同様の実験が行われた結果、年間三〇～三五％も放射線量が下がったという事実が確認されました。このほか日本のボランティアからは、年に数回EMの散布を行ったところ、一年後には放射能が測定限界値以下になったという報告も寄せられました。

専門家からすると信じがたい話でしょうが、事実は事実であり、放射能が減ったかどうかは測ってみればすぐにわかることです。放射能が短期間で自然消滅することなどありえない以上、ＥＭ処理区内だけ放射線量が下がっているということは、すなわちＥＭが放射性元素のエネルギーを転換的に活用し、消費した証しといえます。

ところがこの厳然たる事実を前にしても、頭の固い科学者たちは耳を貸そうとはせず、ベラルーシ国内においても、複雑な政治的事情によりＥＭが放射能対策として公的に活用されることはありませんでした。それでも私は、せめてベラルーシの国民が自己責任でＥＭを使えるようにしたいと考え、関係機関に対してはたらきかけを続けました。

その結果、法的にかなり厳しい難関をすべてクリアして、ＥＭを農業用資材として登録することができました。この登録はいまでも旧ソ連のすべての国々で有効となっています。

一方、日本での反応はといえば、この話を信じるのはやはり実験関係者ばかりで、識者からは「そもそも原発は安全で、チェルノブイリのようなことは二度と起こらないのだから、そんな研究をしても何の役にも立たないのではないか」などと揶揄《やゆ》されたこともありました。

皮肉にも、原発の安全神話は、わが国の原発事故によってもろくも崩壊しました。この事態に対し、事故など起こるわけがないと慢心していた専門家は「打つ手なし」となってしまいましたが、私たちはベラルーシでの研究成果をもとに、福島県内の広い地域で着実に除染活動や風評被害対策を進めています。その詳細は、第4章で述べたいと思います。

節電、エネルギー節約につながるこんな使い方

天然資源にとぼしいわが国にとって、石油に替わるエネルギー源の確保は喫緊の課題であり、また福島第一原発事故を受けて、原子力に大きく依存していたこれまでのエネルギー政策は見直しを余儀なくされています。

ＥＭはそれ自体で発電を行うことはありませんが、既存の発電システムや家電製品と組み合わせて使うことで、エネルギー効率を大幅に向上させることができます。これは主にＥＭのもつ三次元波動によるものです。

たとえば焼却場や工場などの燃焼炉や煙突をＥＭセラミックスでつくると、燃焼率が上がって熱効率がよくなることがわかっています。次世代エネルギーとして注目されている太陽電池も、パネルの四隅にＥＭセラミックスを張りつけるだけで一割、パネルにＥＭセラミックスをコーティングすれば三割以上も出力がアップしたという報告があります。

一般家庭でも、ＥＭセラミックスパウダーを一～三％混和した水性ペンキで室内の配線

をコーティングすると、三〇～三五％の節電効果を得られるばかりか、電磁波の影響もいちじるしく軽減できます。

このような処理が難しい場合は、厚手のプラスチック袋にＥＭセラミックスパウダーを五〇～一〇〇グラムほど入れ、ブレーカーのすき間に数個置くだけでもかなりの節電効果が期待できます。可能なら、冷蔵庫の内外やテレビ、エアコン（室内機および室外機）などにもセットすれば万全です。

「そんなことはとうてい信じられない」と、ある電気部材メーカーの専門家からクレームがついたことがありました。そこで当人の自宅でテストを行ったところ、なんと電気料金が前年より四〇％以上も少なくなった。この結果をみて本人もさすがにＥＭへの考えを改め、「工夫次第では六〇％の節電も可能」と太鼓判をいただきました。

自動車にも、ＥＭを使うと走行距離が延びることも明らかになっています。たとえば、ラジエーターやエンジンオイルにＥＭを原料として抽出した液体を注入したり、ＥＭセラミックスのプレートをガソリンタンクに張りつけるなどすると、リッターあたり七～八キロメートルでも一般道で平均一三キロメートルになった例もあります。

よくなるのは燃費だけではなくて、車がさびつかなくなる、オイルやタイヤは二倍以上長持ちし、静電気が大幅に減って汚れにくくなる、排気ガスがクリーンになる、走りがスムーズになるなど、さまざまな利点があります。もしも自動車のすべてにEM処理をほどこしたなら耐久力はますます上がり、軽でも一〇〇年は乗れる車になる可能性があります。現在、燃料に直接添加できる資材も開発ずみです。

実は、自動車にEMを使う実験は一〇年以上前に終わっていて、いつでも実用化できる段階にあります。ところがこの技術は販売戦略上、メーカーは尻込《しりご》みしてしまいます。何しろ本格的に自動車をEM化したら超長寿命の車になるからです。

しかし、これから電気自動車の時代に突入すると、もう既存の技術ではどうしようもない壁にぶちあたります。それは静電気や電磁波の問題です。

実は電気自動車の最大のネックは電磁波対策で、過敏な人は電気自動車に乗るだけで過労気味になってしまいます。その点、EMの波動は電磁波を完全に無害化し、健康にとっても望ましい状態にすることができるため、問題は一気に解消します。

安価で電磁波対策や省エネといった問題をまとめてクリアできるのはEMだけですから、ゆくゆくは自動車業界にもEMによる超技術革新が起きるだろうと考えています。

レアメタルに代わる金属が手に入る可能性

ここまで「電気やガソリンの使用量を減らす」という観点からエネルギー問題を論じてきましたが、究極の省エネは電気を使わないことです。ＥＭの使い方次第では、そうしたライフスタイルに近づくことも可能になります。

一般家庭でエアコンについで電力消費が大きいのは冷蔵庫ですが、なぜ冷蔵庫が必要なのかといえば、いちばんの理由は食べ物が腐らないようにするためです。いい換えれば酸化のスピードを遅くするために冷蔵庫で食品を冷やしているのです。

ＥＭには強い酸化防止作用があるため、ダンボールの内側にＥＭ塗料を塗ってミカンを入れておくと、冷蔵庫並みに長持ちするという実験結果が出ています。野菜の保存ならこれで十分だし、どうしても冷蔵庫が必要なら、冷蔵庫の内側に同じようにＥＭ処理をほどこしておけば消費電力は大幅に抑えることが可能です。

また、資源の確保という観点からもＥＭは非常に有望視されています。近年レアメタルの問題が取りざたされていますが、ＥＭで種々の金属の純度を上げ、配合を変えていくと、レアメタルと同じようなはたらきをするものがあるということがわかってきました。これは実験の最終段階に入ったところで、まだ実用化にはいたっていませんが、近い将来レアメタルなどなくても十分に対応できる可能性があります。

また、鉄に限りなく金に近い機能性をもたせることも可能です。そもそも金と鉄の違いは何かといえば、原子の並び方の秩序です。金は秩序化の水準が高く、酸化物が入り込む余地がないため強度があります。だから金はかんたんに延ばすことができ、さまざまな加工にも耐えられるのですが、鉄に同じことをしたらすぐバラバラになってしまいます。

ところがＥＭの技術で鉄の中の酸化物を追い出すと、秩序化がどんどん進んで、鉄が限りなく金に近い機能性をもつようになる。鉄だけではなく木材やコンクリートも同様で、ＥＭ処理をほどこすと秩序化が強化されて、時間の経過とともに頑丈になります。これがＥＭのシントロピー効果、すなわちエネルギーが付与されて強化される蘇生の現象です。

同じ原理から、ＥＭを超伝導に応用する研究も進んでいます。超伝導とは金属などの物質をマイナス百数十度の超低温に冷却して電気抵抗をゼロにする技術ですが、なかなか実用化が進まないのは、冷却にかかる費用や手間が膨大となるからです。

ただこれは論点がずれていて、この冷やすことの意味が明確でないために、研究が遅れているというだけのことなのです。冷やすのは電気抵抗をなくすためですが、べつに金属が冷たくなったから電気抵抗がゼロになるのではありません。冷やすことによって金属に含まれる酸化物の作用がなくなるから電気抵抗がゼロになる。つまり金属の酸化物を消し去ることができれば、手間ひまをかけて冷却する必要性はないといえます。

前述のように強力な抗酸化力をもつＥＭで金属を処理していけば、金属の酸化物は徐々に減り、電気抵抗を限りなくゼロに近づける可能性があります。常温で電気抵抗ゼロという材料が誕生すれば、産業界に画期的な革命をもたらすのは間違いありません。

耐久性にすぐれ、気持ちよく暮らせる〝夢の住宅〟

物質を強くするというＥＭの特性を、エネルギー業界に先駆けて活用しはじめたのが建築業界です。一〇年ほど前に建築業界に起きたＥＭ革命はいまや全国規模に広がり、一般住宅や公共建築、リフォーム、耐震補強、文化財保護など多方面に応用されるようになりました。ＥＭ技術で新築した住宅は一〇〇〇軒をゆうに超え、改築や改装も含めればその数は無数といっていいほどです。

建物にＥＭを使うメリットの一つは、前述のとおり建造物の機能性・耐久性が高まることです。たとえば鉄やコンクリートにＥＭ活性液やＥＭセラミックスを塗布または添加すると、抗酸化作用がはたらくと同時に、資材を劣化させる微生物のはたらきが抑制されるため、建物の耐久性は飛躍的に向上します。

あるいは建物の敷地にＥＭを散布すればその土地の微生物相が改善され、シロアリなどの害虫の発生も完全に抑えることができます。

また、シックハウス症候群の原因は、接着剤や塗料に含まれるホルムアルデヒドなどの有機溶剤、防腐剤などから発生する揮発性有機化合物（ＶＯＣ）ですが、塗料や接着剤にＥＭを添加混合してから使用すると、新築特有の薬品臭は消えてしまいます。さらに、カビが生えにくい、ダニが発生しない、保湿性がよいなど多くの利点があるため、肉体的にも精神的にも気持ちのいい健康住宅になるのです。

シンガポールにある国際ディベロッパーのタナステラ社は、ＥＭのこのような利点に着目し、独自のテストを重ねていました。また、あとで述べるＥＭウェルネスセンターの成果も入念にチェックし、二〇一一年の春からマレーシアのジョホール州に大々的なＥＭ建築のモデルタウンを着工しました。第一期に使われるコンクリートの量は一二万五九〇〇立方メートル、添加される建築用のEMは一一三三トンです。

このモデルタウンには、前述の旧具志川市立図書館のEM水処理システムをさらに簡略化した水の多目的利用リサイクルシステムや、農園や公園管理などと連動したゴミの完全リサイクルセンターも併設されるため、下水処理場やゴミ焼却場も不要となります。

もちろんタウン内のショッピングセンター、クリニック、学校などはすべてEM仕様です。現在建築中のマンションはすでに完売し、国際的なEMモデルタウンとなりつつあります。

EMコンクリートの耐久性は二〇〇年以上、レベルを上げれば三〇〇年以上、管理の方法によっては半永久的となります。そうなると都市計画の概念も根本から変わってきますし、ゴミや水の問題はもとより、住宅ローン問題や公共工事の予算も問題もすべて根本から解決してしまいます。

中国やアジアの大手ディベロッパーも、このEMモデルタウンに着目しており、近い将来、EM建築はグローバルスタンダードになる可能性があります。もちろんわが国でも、EMを公的または私的建築に使うことに違法性はないという裁判所の判決が出ています。

また、ＥＭコンクリートのずば抜けた耐久性と放射線防止の力を活用すれば、廃炉となる福島第一原発の石棺にも応用が可能であることも認識すべきでしょう。

老朽化した建物も低予算でリフォームできる

近年ではリフォームの現場でもＥＭへの注目度が高まっています。さびた鉄筋にＥＭを浸透させ、コンクリートやモルタルにＥＭとＥＭセラミックスを混入すると、たとえ現行の耐震基準に満たない古い建築物でも十分な強度が得られるため、大がかりな耐震工事は不要で、通常よりもはるかに安くリフォームができるようになります。

二〇〇九年には、沖縄県与那原《よなばる》町にあるカトリックの「聖クララ教会」の礼拝堂がＥＭ仕様で改装されました。一九五八年に建築家の片岡献さんによってデザインされたこの教会は、「日本近代建築ＤＯＣＯＭＯ一〇〇選」に沖縄から唯一選ばれるほど美しく魅力的な建物ですが、築五〇年を経て老朽化が進み、また沖縄には大きな地震がないという前提で設計されたため、耐震性にも不安がありました。

通常であれば建て直しが必要なところですが、とてもそんな予算はないということで、

ＥＭによるリフォームで対応することになったのです。

改装を指導したのは、一級建築士でありＥＭ建築のエキスパートでもある知念信正さんです。知念さんによると、予算の関係で大幅な改装は困難だったものの、モルタル、塗料、防水や壁のコーティング、接着剤などにＥＭとＥＭセラミックスを添加し、木造部分やクロスにはＥＭを散布するなど、ＥＭが活用できる場所には徹底してＥＭ処理を行い、最小限の予算で仕上げたということです。

はたしてそれで本当に建物の強度が上がったのかと、疑問に思う人も少なくありません。実は建築業界のなかにもＥＭの効果を疑問視する声はあり、聖クララ教会がＥＭリフォームを希望した当初も、自信をもって施工を請け負おうという業者は皆無であったため、知念さんの指導を受けたとのことです。

幸か不幸か、ＥＭ建築の耐震性を証明する機会はすぐに訪れました。聖クララ教会が改装を終えてから一年たらずの二〇一〇年二月二七日、沖縄県を震度五弱（マグニチュード六・九）の地震がおそったのです。

沖縄では一〇〇年ぶりといわれるこの地震では、築三〇~四〇年のコンクリート建造物の壁にひびが入るといった被害が多く報告されました。ところが聖クララ教会は震源地により近かったにもかかわらず、まったくの無傷でした。

ここの礼拝堂は非常に古いうえ、中央に柱がなく天井を壁で支える独特の構造であるため、ふつうに考えれば何らかの被害が出てもおかしくないのですが、ひび割れ一つありませんでした。

修道院で寝起きをされているシスターも、「もし前年に改装工事を行っていなかったら、どうなっていたことか」と胸をなで下ろしたということです。

なお、聖クララ教会では建物の改装だけでなく、掃除、洗濯、野菜づくり、生ゴミ処理など日常のあらゆる場面でＥＭを活用しています。そのため教会内は空気が澄み渡り、驚くほど清潔感あふれる空間となっています。沖縄県に来られた際には美しいこの「いやしろ地」を訪れると、ＥＭの妙を感知させてくれるものと思っています。

人類を滅亡から救えるのは微生物だけ

エネルギーを蘇生の方向へ転換するＥＭのはたらきを、私は「シントロピーの法則」と名づけました。シントロピーとは、光合成（フォトシンテシス）のシンを取り、エントロピーの後半のトロピーを加えた造語であり、現代科学が絶対視してきた「エントロピーの法則」と対極をなす概念です。

地球上に存在するすべての物質は、いずれは酸化し、エネルギーを失い、秩序が崩れ、最終的には汚染となって滅亡する。これがエントロピーの法則です。けれども地球の歴史を振り返れば、すべてがエントロピー（非秩序化・崩壊）の方向へ進んできたわけではないことは明らかです。

プロローグでも述べたように、草創期の地球は、放射能や硫化物、アンモニア、二酸化炭素、メタンなどの汚染物が充満する、極限の無秩序状態にありました。そこに光合成細菌と同じような性質をもつ微生物が誕生し、太陽のエネルギーを得ながら無限に近い地球の汚染を基質（エサ）として秩序化を促進し、炭酸ガスを固定し、長い時間をかけて環境をクリーンにし、地球の根源的な進化を支えてきたのです。

この秩序化、蘇生化の歴史に終止符を打ったのは、われわれ人類です。地球の進化の過程では膨大な資源が生まれましたが、人間が大量の汚染をまきちらすライフスタイルを築き、競争原理に即してエネルギーをむだ遣いし、さらに爆発的に人口を増やしたことで、地球の進化は無秩序化の方向に逆転してしまいました。

その一方で、地球上に酸素が増えすぎたせいで、光合成細菌のような嫌気性の微生物は出番を失い、地中に引っ込んでしまいました。これにより地球はいま、エントロピーの増大が自然の秩序化を上回るという事態に陥っているのです。

このままでは人類の滅亡はまぬがれません。エントロピーの増大を食い止めるには、ふたたび地球草創の原点に立ち返り、微生物の力を借りるほかはないのです。

たまたま運よくＥＭという発見があり、嫌気性の光合成細菌が、乳酸菌や酵母の力を借りて現代の地球でも力を発揮できる技術ができました。

自然界では、光合成細菌が乳酸菌や酵母などと共生することはその生息条件からして絶対にありえないことであり、この共存関係はｐＨ三・五以下という自然界にない特殊な条件下でのみ成立します。したがってＥＭ以外の技術でシントロピーを成し遂げることは不可能なのです。

強力な蘇生の波動を出すＥＭセラミックス

微生物が地球の創生期を支えたという話をすると、「そんなばかな」と反論する人がいます。太古の地球の気温は少なくとも二〇〇～三〇〇度はあったと考えられるため、そんな高温の中で微生物が生きられるはずがないというのです。

たしかに、ふつうの蛋白質《たんぱくしつ》なら一〇〇度以上で機能することは困難でしょう。しかし低分子の触媒機能であれば、そうとう高温になっても条件次第では、その機能を失わないという仮説が成り立ちます。

それを裏づけるかのように、近年になって最適増殖温度が一〇〇度以上の微生物や、放射能のエネルギーを活用する微生物、数万気圧に耐える微生物などが次々と確認され、溶岩中にも微生物が存在するという確証も得られています。

ＥＭの主力である光合成細菌のなかにも、一〇〇〇度以上でもＤＮＡの情報を失活しないものがいます。この不思議な現象に遭遇した当初は、私自身も信じられない思いでした。けれども事実は事実ですから否定のしようがなく、この特性を生かすべく研究を重ねた末に誕生したのが、液状のＥＭよりもさらに強い波動をもつ「ＥＭセラミックス」です。

ＥＭセラミックスとは、ＥＭを粘土に封じ込み、七〇〇度以上の高温でセラミックス化したもので、セラミックスのもつ遠赤外線効果とＥＭとの相乗効果によって強力な抗酸化作用・蘇生型波動を発する特性をもっています。

ＥＭセラミックスの最大の利点は、特定の場所にＥＭを固定できることです。木炭やゼオライトのような多孔質の素材にＥＭをしみ込ませても、居心地が悪いと逃げ出してしまう恐れがあります。しかし、セラミックスにＥＭを焼き込んで閉じ込めてしまえば逃亡の心配はなく、周囲に水や有機物があればそれを基質（エサ）として繁殖していきます。新しく生まれたＥＭのほうは行動の自由がありますから、従来どおりの機能を発揮してくれる。そのため米ぬかにＥＭセラミックスやセラミックスのパウダーを入れておけば、いつの間にかＥＭボカシができるし、細かくくだいて海や河川に投入すれば水質が浄化され、農地にまけば土壌が豊かになるのです。

ＥＭセラミックスは、従来のＥＭの機能をすべて持ち合わせているだけではありません。無機物（セラミックス）とＥＭのはたらきを連結したことにより、従来効果の弱かったイオン交換力の改善、低有機質土壌での効果の安定化、材質の劣化防止など、さまざまなプラスアルファの特性も備えているのです。そのため現在では、水質や土壌の改良はもとより建築、エネルギー、災害対策など幅広い分野で使われるようになっています。

ここでは、ＥＭセラミックスがもっとも得意とする水の浄化について、その原理を説明しておきます。

水は、ほかの物質からの波動を磁気テープのように記録して、自らその性質を帯びるという特性をもっています。それは水分子が一つの分子の中にプラス極とマイナス極を合わせ持つ双極子であることが原因です。

いったん水に記録された情報は、そうかんたんには抜けません。〝汚い水〟を何度もろ過し、殺菌し、完全な無菌状態にしたとしても、その水には〝汚い情報〟が構造的に残ってしまいます。だからその水を長期間放置すると、中から有害な微生物が発生したり、電子的に有害な化学物質と類似した反応を示したりするようになるのです。

このような汚染情報を解除するには、高電圧処理や遠赤外線照射、強烈な磁場処理、電気分解などの方法がありますが、確実なのは、水が蒸発して大気上空へ昇っていく過程で、太陽光の紫外線などの力によって水分子はピュアな状態に戻ることです。

ところがこれでメデタシ、メデタシにはならないのは周知のとおりです。すなわち現在は大気が汚染されているため、せっかくピュアになった水も、雨になって大地に戻ってくるまでに、ふたたび空中で悪い情報をつかんで酸性雨や放射能雨に変わってしまう。かつて雨水は最良の水といわれていましたが、いまでは悪魔の水に変わって、生物圏をジワジワとむしばんでいるのです。

この情報解除力にすぐれているのがＥＭセラミックスです。もともとセラミックスはイオン交換力にすぐれ、水が電気的に保持していた化学物質や有害物質を切り離し、無害化する力をもっています。

一方、ＥＭにはすぐれた抗酸化物質と蘇生型の波動を出す性質があるため、ＥＭセラミックスは二重の意味で、水をはじめあらゆる物質や生命体を蘇生の方向へ引っ張っていくことができるのです。

ためしにきれいな水道水にＥＭセラミックスを入れて暗所に置いてみてください。時間の経過とともに「おり」のような白い浮遊物質が沈殿してくるのがわかると思います。これこそが、水が電気的に保持していた汚染物質が分離され、不活性化したものです。もちろんふたたび有毒反応を起こすことはないため、安心して飲用に使うことができます。

効果を出すには、効果が出るまで使いなさい

一〇年以上も前になりますが、ＥＭのことを「効かない」などと批判する〝ＥＭバッシ

ング〟の嵐《あらし》が日本に吹き荒れたことがありました。その後、各分野でＥＭの効果や安全性が確認されたことで、表立ってＥＭを悪くいう人はほとんどいなくなりましたが、そのころのイメージでＥＭに疑問や不安を感じている方もいるかもしれません。ここであらためて、ＥＭへの誤解をといておきたいと思います。

まず、ＥＭのことを批判する人にはだいたい二つのタイプがあって、一つはＥＭを適切に使わなかったがために効果を得られなかった人です。

ＥＭは生き物であり、効果はその密度、すなわち増殖量と関係しています。したがってＥＭを使っても、密度が高くならない場合は効果もあらわれません。「どれだけＥＭを使えばいいのか」という問いへのアンサーは、「効果が出るまでじゃんじゃん使え」という一言につきます。

私もＥＭを開発した当初は、適正な使用量を示さなければと必死で実験を重ねましたが、前述のようにＥＭは生き物であり、増殖に要する条件は気温や土質などの環境の汚染度によって大幅に異なるため、「何リットルを何日間散布すれば確実に効く」とはいい切れないのです。

しかしＥＭは根気よく使いつづけ、ある一定のレベルに達すれば必ず効果を発揮し、その後はわずかなＥＭでそのレベルを維持できるようになります。私がこれまで見てきたなかで、ＥＭがきちんと定着しているのに効果が出なかったという例は一件もありません。ラベルなどに記載している使用量はあくまで目安なので、効果がないと思ったら量や濃度を調整しながら使用する心得が必要です。

また、ＥＭはどれだけ大量に使っても人体や環境に害を与えることはなく、むしろ使えば使うほど環境を浄化し、周囲に好影響を及ぼします。一般家庭でもかんたんに培養して増やすことができるので、大量に使ってもコストはあってないようなものです。

地道な取り組みの積み重ねで実証された効果

もう一つの反ＥＭ勢力は既得権益がらみです。ＥＭというローコスト、ハイクオリティな技術が普及すれば、農薬や化学肥料、医薬品などの出番はなくなってしまう。それに脅威を感じた学会やメーカーやその関係者が、こぞってＥＭに攻撃をしかけてきたのです。

なかでも日本土壌肥料学会は、ＥＭの効果を検証することもせずに「ＥＭに効果なし」と決めつけて強烈なバッシングを展開し、また農林水産省もそれに同調したため、一時期は地方行政や業界もすべて右へならえとなってしまいました。

そもそも学会には、現場で何ら問題を起こしていない資材をジャッジする権限はありません。しかも彼らは旧来の理論に反するという主張を繰り返すばかりで、学者や科学者としての公正を欠いています。

こうした反EM派がバッシングの根拠とするのは、きまって「科学的根拠が不十分だ」という主張です。EMの安全性や効果をデータで示せ、データがなければ科学とは認められないという。しかし、EMに関する科学論文は国内外で二〇〇〇編以上、EM関連で学位（博士）を得た人も一〇〇人以上出ています。

当事者であるわれわれからみれば、EMはすでにめざましい成果をあげ、世界でもっとも多く使われている微生物資材であり、日本発のグローバルスタンダードとなっている抗酸化や波動、非イオン化といった機能も明らかになっています。世界中の土がEMで豊かになって収量が増え、海や河川が甦《よみがえ》っている。この現実こそが、何よりの証拠でしょう。

すべての学者が納得できるようなかたちでデータをとろうと思ったら、それこそ一〇年単位の時間と数億単位のお金がかかります。このようなむだを省くため、現場での実用化に徹底的に取り組んだ結果が、今日の成果です。研究は現場で活用するためにあり、実社会に役に立たなければその意義は薄れてしまいます。しかしＥＭはすでに現場で無数の膨大な結論が出ているのです。

また、ある役所から「データを出せば信用してもいい」といわれ山ほどデータをそろえたのに、いざ資料を提出すると、ご苦労さまというだけで見ようともしない。要するにデータを出せというのは単なる口実で、はなからＥＭを認める気などないのです。

役所もどこも前例主義で、利権構造がからんでいるためＥＭのような革新的なものが入る余地はほとんどなく、「効果に疑問」という偏った専門家の一言ですべて排除されてしまう。最初はそれがわからずいちいち対応していたために、ずいぶん回り道をしてしまいました。

もちろん私の側に反省がないわけではありません。『地球を救う大変革』を読んですぐに実行したが、うまくいかなかったという人が大勢出てしまったことには責任を感じています。その後に出した著書で説明してきたように、ＥＭは素人が従来の好気性の微生物を扱うような方法ではうまくいかない例もあり、その使い方やノウハウは文書では十分ではなく、ＥＭをよく知っているインストラクターのサポートが必要なのですが、当時はまだその体制が整っていなかったのです。

この反省から、全国ＥＭ普及協会やＮＰＯ法人地球環境・共生ネットワーク（Ｕ－ネット）などＥＭ普及に関するボランティア団体を多数立ち上げ、ＥＭインストラクターの養成に力を注いできました。そのおかげで上級インストラクターは二〇〇〇人あまりとなり、全国の大小のＥＭ関連団体も二〇〇〇あまりに増え、約三〇万人以上の意識の高い市民が、ＥＭ運動の基本に沿って積極的な普及活動に取り組んでくれるようになりました。

こうした地道な取り組みの結果、時間の経過とともにＥＭバッシングは勢いをなくし、日本土壌肥料学会誌にはＥＭの研究成果が載るようになり、農林水産省も独自の現地試験をして「ＥＭは効果あり」という名誉回復を図ってくれました。

公的機関においてもＥＭの賛同者は着実に増えています。確たる根拠もなくＥＭを毛嫌いしていた人たちは定年を迎え、子どものころからＥＭに親しんできた若手へと世代交代を遂げたことで、役所の反応もずいぶん変わってきました。近年、自治体レベルでＥＭの活用が進んでいる背景には、こんな事情もあるのです。

とはいえ、いまでも私が担当するホームページなどにＥＭの新しい情報や活用法を公開すると、「科学的に証明されていないのにけしからん」と、かみついてくるような人もいます。二〇一〇年の口蹄疫《こうていえき》問題のときも、そんな妨害がありました。

ＥＭは国から認可を受けた微生物資材であり、私はそれを農家の自己責任で使う方法を教えているだけですから、第三者にどうこういわれる筋合いはありません。しかもＥＭ散布後、口蹄疫は急速に収束へと向かいました。明らかに効果はあったのです。

このことは前出のとおり、三五〇万頭を殺処分した韓国で、ＥＭを使っていた畜産農家では口蹄疫の発生はまったく認められなかったという事例からも裏づけられており、韓国政府はＥＭの効果を認めています。

ＥＭはすでに三〇年以上にわたって使われつづけ、愛用者は世界に広がっています。ＥＭが効いたという実例は世界で数え切れないほどあるのだから、それに異を唱えるのであれば、説明責任はもはや相手にあると私は考えています。

ＥＭ技術の粋を集めたウェルネスセンター

本章の最後に、二〇〇六年に沖縄県北中城村《きたなかぐすく》にオープンしたＥＭウェルネスセンター（ホテルコスタビスタ沖縄、ＥＭスパコラソン沖縄）をご紹介しましょう。

このホテル＆スパの前身は、沖縄返還直前の一九七〇年に建てられた沖縄ヒルトンホテルです。沖縄ヒルトンといえば、開業当時は沖縄ナンバーワンの近代ホテルと称され、デザインも眺望もすばらしく、このホテルを利用することは沖縄の人々にとって一種のステータスでもありました。

ところがその後ヒルトンからシェラトンへ、シェラトンから別の資本へと幾度か経営母体が変わったのち、バブル崩壊とともに倒産して一三年以上もの間、手つかずのまま放置されていたのです。かつての高級ホテルは無残に荒れはて、テレビや雑誌が「沖縄の巨大な幽霊ホテル」として取り上げるような、いわくつきの物件になってしまいました。

建築業界の常識からすれば、ホテルとして二〇年ほど使われたあとに一〇年以上も放置されていた物件は、取り壊す以外に対処のしようがありません。しかも債権の状況も複雑を極め、地主は九〇余人、土地代の支払いも数千万円単位で滞っているなど、まさに八方ふさがりという状況でした。

私に声がかかる以前にも、かなりの人々がこのホテルの活用を試みたようですが、その傷みの激しさに尻込みし、一件も話が進まなかったということです。

ひょんなきっかけから、このいわくつきのホテルを買い取らないかという話を持ちかけられた私も、はじめて現場を案内されたときは想像以上の劣化具合に言葉を失いました。中心部の躯体《くたい》こそある程度しっかりしていたものの、フロントの前は水びたし、レストランにはツル性の植物がうっそうと繁茂し、じめじめとした廃墟《はいきょ》そのものだったのです。階下のレストランはさらにひどく、棒で天井を突つくとバラバラとはがれ落ち、鉄筋はサビだらけという惨状で、見に来た人がすべて逃げ帰ったという話も納得でした。

そんなありさまだったので、旧沖縄ヒルトンの取得については身内を含め周囲は猛反対、銀行からも「取り壊して新しく建て直すならいいが、改装するつもりなら融資は無理」といわれてしまいました。

それでも私は、ＥＭ技術を駆使すれば再生は十分に可能だという自信がありましたので、債権がすべて放棄されるならこの建物をＥＭで改装し、ＥＭウェルネスセンターとして活用したいと申し出ました。リスクは百も承知していましたが、それが人と社会の役に立つならば、リスクをとってでも挑戦する価値があると考えたのです。

金融機関に対しては、「この建物は沖縄にとって文化財的な存在であり、立地やデザインもよい。これをＥＭ技術で改装し、文化財を長く大事に保存しながら使いつづけるモデルにしたい。小さな建物ならだれも信用しないが、二三〇余室もあるこの大きな建造物が甦れば世界中の人に理解してもらえる」と説得を試み、もし融資が受けられない場合は、ＥＭ研究機構の職員を総動員して、時間をかけてでも自力で改装するつもりだという考えも伝えました。

最終的には、私個人がすべての保証責任を負うという条件でＥＭ研究機構への融資がまとまり、説得の末に関係者もすべて私の期待どおりに動いてくれて、ようやく旧沖縄ヒルトンホテルの取得が実現したのです。

改修工事は、建物全体を六〇〇トンあまりのＥＭ活性液で洗うことから始めました。たいていはがれ落ちる部分は徹底して除き、さびた鉄筋にはＥＭを浸透させる。コンクリートやモルタルにはＥＭとＥＭセラミックスを入れ、塗料にはすべてＥＭとＥＭセラミックスを添加し、汚れ防止や断熱、省エネなどに役立てる。ほぼすべての工程にＥＭ資材を活用したことで、耐震性の補強やシックハウス対策はもちろんのこと、工事工程の簡素化や施工環境の改善といった効果も得られました。

こうして旧沖縄ヒルトンは、一九七〇年代当時の壮麗な姿をとどめつつも、最新の設備と耐震性を備えたＥＭウェルネスセンターへと生まれ変わりました。

現在このホテル&スパでは、日々の清掃やクリーニングはもとより、レストランでの調理や観葉植物の管理、水のリサイクル、生ゴミ処理などあらゆる場面でEMを活用しています。

そのため館内のEMレベルは非常に高く保たれており、使いつづけるほどに効果が高まるというEMの性質を反映して、建物の強度は年を追うごとに高まっています。

一九七〇年、米軍統治時代に着工したこの建物は、いうなれば日本の耐震設計を無視した違法建築です。長く飛び出している広いベランダは、地震の専門家からみれば言語道断ということになります。

しかし、そうした指摘はEM建築には当てはまりません。EMが耐震性を強化するしくみについては聖クララ教会の事例でご紹介したとおりですし、抜き取り調査の結果をみても、EMウェルネスセンターの強度が増強されていることは明らかです。

二〇〇九年に沖縄をおそった〝一〇〇年ぶりの大地震〟のとき、ホテルの近くの民家では冷蔵庫の上のものが全部落ちたり、かなり混乱があったそうですが、ホテル内ではコップ一つ倒れるわけでなく、宿泊客の大半は少し揺れた程度にしか感じなかったという話です。建築業界の常識を覆すこの再生物件をひと目見ようと、最近ではリフォーム関係の業者や工務店、海外の文化財保護関係者の来訪も増えはじめています。

また、あらゆる場所にEM建材を採用したことで、シックハウス症候群の原因となる有害化学物質の揮発を抑え、ケミカルフリーな空間を実現したこともEMウェルネスセンターの特徴です。

二〇一一年には、EM珪藻土《けいそうど》によって客室内の健康レベルをさらに高めた特別仕様室も二部屋オープンしました。珪藻土とは植物性プランクトンが化石化したもので、耐火性、吸放湿性、消臭性など多くのメリットをもつ原料です。これにEMを添加し、抗酸化作用や殺菌効果といった機能を付加したのがEM珪藻土であり、一〇〇％自然素材の内装塗り壁材として注目を集めています。

EMウェルネスセンターの特別仕様室では、天井や壁に壁紙を張る代わりにEM珪藻土を一面に塗り、じゅうたんもはがしてムラサキタガヤの床板を張り、備えつけの家具にもすべてEM珪藻土をペンキのように塗布することで、化学物質を徹底的に排除し、建材から発生するVOCのレベルを限りなくゼロに近づけました。そのため重度のアレルギーをもつ方でも快適に過ごすことができると、たいへん好評をいただいています。

また、ホテルからは一日三〇〇キロにも上る生ゴミが出ますが、そのすべてをデスポーザーで処理し、ＥＭを添加して有機液肥としてＥＭ研究機構直営のサンシャインファームで活用しています。ホテルの生ゴミなどだけでは足りないため、産業廃棄物である泡盛の製造廃液もいっしょに活用しています。

不耕起完全無農薬で運営されているサンシャインファームは、究極の農業のモデルに近づきつつあり、二〇一一年一一月より公開されています。

なお、ＥＭウェルネスセンターは開業から三年の時点で顧客満足度が沖縄ナンバーワンとなり、返済も順調に進んだことから私も保証人からはずしてもらい、いまでは自由の身となっていることをつけ加えさせていただきます。

第4章

未来につながる災害対策

東日本大震災の被災者の心を支えたＥＭ

阪神・淡路大震災でその効力が証明されて以来、ＥＭによる災害対策は世界的なレベルで広がりました。台湾中部大地震（一九九七年）、スマトラ沖大地震（二〇〇四年）、中国四川《しせん》大地震（二〇〇八年）、ハイチ大地震（二〇一〇年）、ポーランド大洪水（二〇一〇年）など、近年の大規模な自然災害の現場ではほぼ例外なくＥＭが活用されています。いうまでもなく、東日本大震災においてもＥＭはその力をいかんなく発揮しました。

二〇一一年三月一一日、私は震災発生の第一報を地元の沖縄県で受けました。すぐにでも現地へ駆けつけたいという思いはありましたが、災害発生直後の被災地に身ひとつで乗り込むほど非常識なことはありません。まずは正確な情報の収集・発信が第一と心得、現地のＥＭ関係者と連絡をとりあって状況を把握するとともに、三月一八日にはインターネットの『ＤＮＤ（Digital New Deal）』というサイトで私が担当しているブログを通じて、被災地や避難所におけるＥＭの活用法、放射線対策などの情報を発信しました。

そのうちに、東北地方でＥＭ活動に携わっている方々の安否も明らかになってきました。津波で田畑が流されたという方はもちろん、ご本人やご家族が犠牲になったという話も少なくなく、あらためて被害の痛ましさに胸が詰まる思いでした。

しかしながら、被災者のなかから「この難局をＥＭで乗り越えよう」という声が上がるまでに、さほどの時間は要しませんでした。家族を失い、家や田畑を流された人々が、ＥＭさえあればこの逆境にも打ち勝てるはずだと、前向きに歩みはじめたのです。

ＥＭの存在が被災者や支援者の心の支えになっている――。

私はこのときほど、ＥＭの開発者であることを誇りに思ったことはありません。すべてをなくした方が、ＥＭと、ＥＭで培われた人と人とのつながりを糧《かて》に、復興への第一歩を踏み出したのです。

そしてＥＭもまた彼らの期待にこたえ、災害直後の衛生・消臭対策や復興に向けた町づくり、さらには根本的解決が不可能といわれていた放射能汚染問題に対しても明確な道筋を示し、被災地の復興を力強く後押ししています。

本章では、そうした東日本大震災関連の事例を中心に、ＥＭによる災害対策を具体的に紹介していきます。

気仙沼市では地域ぐるみでＥＭ浄化活動

プロローグで登場した三陸ＥＭ研究会の足利英紀さん（宮城県気仙沼市《けせんぬまし》）も、ＥＭによって絶望の淵《ふち》から再起した被災者のひとりです。

彼は震災当日、岩手県に遠征してＥＭ農業の指導を行っていたおかげで九死に一生を得ましたが、海沿いにあった家や店舗は津波で流されてしまい、数日の間は茫然《ぼうぜん》自失で何も手につかなかったといいます。

それでも足利さんは、家族の温かい励ましに支えられて「よし、ＥＭでやるぞ！」と奮起します。震災九日後には、知人から分けてもらったＥＭ活性液と、トラックに積んでいたおかげで無事だった米ぬか一五〇キロを使ってＥＭ発酵液の培養を開始し、三月二四日から気仙沼市内の避難所を回ってＥＭによる仮設トイレの悪臭対策に着手しました。

こうした場面で大切なのは、すべてを一人で背負い込もうとせずに、みんなで明るく、楽しく、前向きに活動してＥＭの輪を広げていくことです。足利さんはそのあたりの機微をよくわかっていて、避難所ではまずボランティアを募って班長と副班長を決め、ＥＭの使い方を教え込んだら、あとの運用は彼らに一任するという方法をとりました。これによって気仙沼市の避難所にはＥＭが着実に浸透していき、ついには気仙沼市環境課から市内九二か所の避難所に対して「ＥＭによる悪臭対策に協力・便宜を図るように」と通達が出されるまでになりました。

この通達の効果に加え、避難所でのＥＭ活動が地元紙に取り上げられたことで、足利さんの携帯電話には「こちらでもＥＭをまいてほしい」という依頼が殺到するようになりました。これに手ごたえを感じた足利さんは、ＥＭによる浄化活動をより大々的に展開することを決意します。

四月二七日にはその第一弾として、気仙沼市田中地区で「商店街クリーン大作戦」を決行し、新潟や愛知のボランティア約三〇名とともに、がれきや側溝にＥＭ活性液やＥＭボカシをまきました。これで商店街を悩ませていた悪臭はたちまち解消され、地元商店会の方々からたいへん感謝されたということです。

五月に入り気温が上昇すると、汚水や重油が流れ込んだ川や海が悪臭を放つようになったため、足利さんは「ＥＭミニダム大作戦」を考案しました。これは学校のプールをダム化し、プール内でＥＭを二次発酵させたのちに一斉放流することで、川や海の浄化につなげようというものです。

浄化作戦が大成功に終わったのはもちろんのこと、ダムとして使ったプール自体もピカピカ清潔になって、近隣の学校が放射能問題を懸念してプールの使用を見合わせるなか、ＥＭ処理のプールは問題ないとして使用ＯＫとなりました。

八月二三日から九月二九日にかけては、気仙沼市の浄化活動の最終仕上げとして、全国から多くのボランティアを集めて「気仙沼まるごとＥＭ浄化大作戦」を決行しました。市内のがれき撤去がほぼ終了するタイミングに合わせて徹底的にＥＭを散布することで、新たな町づくりに向けたスタートをきろうと考えたのです。その様子はＪＮＮニュースで全国に生中継され、大きな反響を呼びました。

ネットワーク力を生かして息の長い支援を展開

全国に支部をもつＥＭのボランティア団体、ＮＰＯ法人地球環境・共生ネットワーク（Ｕ-ネット）も、そのネットワーク力を生かして被災地の復旧復興に力を注ぎました。ここでは彼らを代表して、宮城県石巻市で支援活動を行ったＵ-ネットやまがたの五十嵐諒さんたちの活動を紹介します。

五十嵐さんがU－ネット宮城からの要請を受け、石巻市の湊小学校を訪れたのは四月二六日のことでした。ここには近隣から避難してきた約三〇〇名の住民が寝泊まりしていましたが、復旧作業はほとんど進んでおらず、プールには三台もの車が浮かんだまま放置され、校舎周辺にはヘドロが発する悪臭が充満していたそうです。

想定をはるかに超える惨状に言葉を失いながらも、五十嵐さんはEMで悪臭を退治するという使命を果たすべく、山形から持参した農業用動力噴霧器を使い、三〇倍にしたEM活性液一二〇〇リットルをグラウンドや校舎のまわりに四時間かけて散布しました。これで成果が出ないはずはなく、避難民を悩ませていた悪臭は、翌日にはうそのように消えていたということです。

U－ネットやまがたの支援活動はこれで終わりではありません。翌五月下旬、五十嵐さんは総勢二二名のボランティア部隊を組織してふたたび石巻市を訪れ、今度は三校の学校と井内地区の民家の軒下に二日がかりでEMを散布しました。

当初、民家へのEM散布は一〇〇軒を予定していましたが、散布している最中に次々と「うちにもお願いしたい」と声がかかり、最終的には一二〇軒にまで広がったということです。

こうした場合、ＥＭ活性液は五〇倍ほどに薄めても十分効果があるので、これほど大規模な活動にもかかわらずＥＭにかかった金額はわずか一万五〇〇〇円程度でした。これだけをとっても、ＥＭがいかにローコストであるか、おわかりいただけるでしょう。

なお、床下散布を実施した井内地区はＥＭがほとんど知られていない地域でしたが、今回の活動を機に「ＥＭを使ってみたいから教えてほしい」という要望が相次いだため、六月には井内会館で住民向けのＥＭ講習会も開かれました。

その後も五十嵐さんたちは、七月には石巻市渡波町でＥＭ散布とＥＭ講習会を、一〇月には中里川へのＥＭだんご投入とＥＭ講習会というように、息の長い支援を行いました。

また、この講習会によってＥＭを自在に増やして使えるようになった住民たちが、自主的にＥＭだんご投入などのイベントを行うようになったことも、石巻市の復興に大きな力となっています。

●腐敗物の処理は土壌改良にもなり一石二鳥

東日本大震災では多くの漁港や水産加工会社が被災したため、市街地では腐敗した水産物の悪臭が近隣住民を悩ませていました。この問題は当初、新聞やニュースでも大きく取り上げられましたが、なぜか早々に沈静化し、その後はほとんど報道されなくなりました。それは多くの自治体や企業が水産廃棄物にEMを活用し、迅速かつ大規模な処理を行ったからです。

たとえば岩手県では、岩手コンポスト株式会社が行政からの要請を受けて、大船渡市で約一万三五〇〇トン、陸前高田市で約二〇〇〇トン、合計一万五〇〇〇トンの冷凍魚介類の埋設処理を担いました。両市合わせて九か所の埋設現場に、約三〇メートル×一〇メートル×深さ四メートルの巨大な穴を掘って水産廃棄物を埋め、EM発酵肥料コスモグリーンとEM活性液を投入するという手法です。

これによって不快な腐敗臭は消え、処理場には生ゴミ発酵の堆肥《たいひ》場のような臭いが漂うようになり、その効果は行政の担当者からも高い評価を受けました。

この処理のために岩手コンポストが無償で提供したコスモグリーンは合計二三〇〇立方メートルにも及びました。また、ここで使われたEM活性液は、EM災害復興支援プロジェクトにより供給されたEM資材を利用して岩手コンポストが培養したもので、約一二〇トンを無償で投入しました。

ＥＭによる埋設処理が望ましいのは、コストの安さや即効性もさることながら、ＥＭと有機物をいっしょに埋めることが土壌改良にもつながるからです。今回のケースでいうなら、埋設場所には魚カスをたくさん発酵させた有用な堆肥が埋まっているのですから、そこで花や野菜を育てればすばらしい生長が期待できます。

手続き上の行き違いにより、陸前高田市の二〇〇〇トンはその後掘り返されて海洋廃棄となってしまいましたが、ＥＭで処理された冷凍魚たちは海中でも浄化源となってはたらいてくれたことでしょう。

被災地や避難所では衛生対策で効果を発揮

近い将来に起こるといわれている首都直下地震に備えるためにも、ここであらためて被災地や避難所におけるＥＭの活用法を具体的に説明したいと思います。

一．ＥＭによる悪臭、水質汚染、そのほかもろもろの衛生対策災害後の悪臭は、人々のいらだちや不安を増幅させ、とくにトイレ関係は最悪なものとなります。ＥＭ活性液の五〇～一〇〇倍液を散布するだけで、さまざまな腐敗臭や消毒薬や化学物質の悪臭をいちじるしく抑制し、再発生を防ぐ力があります。

ＥＭを散布し悪臭が消えると、多くの被災者が落ち着きを取り戻し、パニック状態を脱した例は枚挙にいとまがありません。水のないところではＥＭボカシをふりかけるだけでも効果があります。

二．石油などを含む、化学物質汚染対策

まず大量の油は回収し、その後、水面や土壌や岩や岸壁にこびりついた汚染部分にＥＭ活性液を一〇～二〇倍にして臭気が半減するレベルを目安に散布します。一回で効果がある場合もありますが、週一回程度、二～三回散布で予想外の効果があがっています。

化学物質汚染の場合も同様な方法を繰り返しますと、万全を期すことも可能です。油がべっとりしている場合や化学物質の汚染量がひどい場合は、ＥＭ活性液五〇倍に米ぬかを容量の三％、糖蜜《とうみつ》を重量の一％を目安に混和して散布するといちじるしい効果があります。米ぬかや糖蜜は、やや多めにするほうが効果的です。

三．避難所および居住地でのＥＭの活用

大勢の人々が身を寄せあって生活しつづける避難所では、体臭を含め、さまざまな臭いやホコリが発生します。このような場合は、ＥＭ活性液を五〇〇～一〇〇〇倍にして一日数回スプレーします。臭気がこもるような場所は二〇〇～三〇〇倍にして散布します。

また衣服の表面にスプレーしますとホコリや体臭を減少させ、衣類の汚れを防止することができます。水が少なく、お風呂や洗濯がままならぬ状況下では、ＥＭ活性液を一〇〇～二〇〇倍にして体をふくと汚れをとり、清潔に保つことができます。洗髪も同様な要領で行います。

ＥＭを薄めた各種の液は、一～二日で使いきってしまいます。三～四日たっても効果はありますが、生活空間を快適にするためには、ＥＭ液は毎日更新するのがベストです。また調理にあたっては、一〇〇倍のＥＭ活性液に野菜や肉などを一～二分浸したあとに加熱すれば、食中毒やおなかのトラブルの予防も万全です。

飲料水以外の水には、ＥＭ活性液を一〇〇〇分の一を目安に添加します。可能であればＥＭセラミックスパウダー（工業用の粉末状のもの）を一万分の一になるように加えます。二～三時間も経過すれば雑菌がいちじるしく減少し、水もきれいになり、野菜を洗ったり、洗濯、お風呂などに安全な水として使用することが可能です。

お風呂も、大勢の人が入りますので、臭いや汚れが問題となります。この場合も風呂水の一〇〇〇分の一～二〇〇〇分の一を目安にEM活性液を添加すれば、数倍も効果的に活用することができます。また、一万分の一のEMセラミックスを添加すると、なお効果的です。

さらに残り湯にEM活性液を一〇〇〇倍になるように添加し、布などによる簡易ろ過を行えばその水を再利用することも可能です。残り湯を捨てる場合もそのまま流さず、グラウンドやまわりの土の部分に散布すると、空気や土壌を浄化する機能を発揮してくれます。

四．汚染された家屋や土地の浄化

個人で行う場合は、一〇〇～五〇〇リットルのタンクや容器でEM活性液をつくり、その活性液を一〇〇～二〇〇倍にしてジョウロなどで散布し、汚染された部分を洗浄します。可能であれば高圧洗浄機が効果的です。臭気が残っている場合は再洗浄し、床下などにもたっぷり散布します。庭にも同じ要領で散布します。このような方法を徹底すれば、津波と同時に押し寄せたさまざまな汚染を根本から消去することが可能であり、健康にとっても望ましい住環境をつくることができます。

広い公共の場や水田や畑地の浄化は、一〇アールあたり五〇～一〇〇リットルのEM活性液の散布が目安です。

EMは土中のさまざまな有機物を分解し、生物のバランスを元の状態に戻してくれるだけでなく、その後に栽培される作物の生育を促進し、病害虫をいちじるしく軽減し、品質を高めるといった多くの効果があります。

面積が大きすぎて個人の手に負えない場合は、宮崎県の例のように市町村単位で対応します。この場合、タンクや簡易プールなどを準備して水の供給を万全にしてもらえば、EMやそのほかの資材は可能な限りEM研究機構が提供し、技術指導を行います。

海水はもとより、下水、さまざまな化学物質の汚染に対し顕著な浄化効果があるばかりでなく、公園の樹木の生育もよくなり、また、その後に栽培される作物の生育を促進し、病害虫を大幅に軽減し、品質を高める効果があります。

また、がれきの撤去作業の際に粉塵《ふんじん》や砂ボコリ、アスベストなどを吸い込むことによる健康被害への懸念が高まっていますが、これも二〇〇～三〇〇倍に薄めたEM活性液を道路や作業現場に散布する方法で十分に対応が可能です。

五．再建にあたってのEMの活用

倒壊した家屋やビルを再建する際にも、EMの活用をおすすめします。方法としては、まずセメントに対して重量比五〇〇分の一の割合でEMセラミックスを添加・混和します。建築現場の土壌には五〇～一〇〇倍に希釈したEM活性液に〇・一％のEMセラミックスを添加したものを、一〇アールあたり一トン程度浸透させます。これにより建築物の劣化の原因となる土壌からの酸化を防止し、建築物の強度が増します。

六．水産廃棄物の処理方法

先ほども話に出た腐敗した水産物の処理方法ですが、まず埋設のための穴を掘り、底に一〇～二〇倍に薄めたEM活性液を十分にしみ込ませます。その後、水産廃棄物を投入しながら一〇～二〇倍液を散布します。三〇～五〇センチの厚さになったら上から一〇～一五センチの土をかけ、同じ要領を繰り返す。この処置で悪臭や地下水汚染、その後の衛生に関する二次汚染はほぼ完全に抑えることができ、港や海岸の油汚染の分解にもいちじるしい効果があります。

台風による水害対策でもEMボランティアが活躍

二〇一一年は自然災害の多い年で、九月には大型の台風一二号が西日本をおそい、一〇〇名近い死者・行方不明者を出すという、平成の台風としては最悪の事態となりました。なかでも紀伊半島の被害は甚大で、各地で河川の氾濫《はんらん》や土砂災害が相次ぎました。

この事態を受けていち早く動き出したのが、三重県を中心にEM活動に取り組む「EMわくわくネット三重」です。二〇〇四年に三重県海山町で台風による水害が発生した際にも、EMは消臭・衛生対策で大きな実績をあげていたため、今回もぜひEMを散布してほしいと、水害にあったほとんどの地域から支援要請があったのです。

世界遺産熊野古道で知られる三重県屈指の観光地、那智勝浦町では、九月四日からの記録的な豪雨で那智川が氾濫し、町中が濁流にのまれました。EMわくわくネット三重が支援を開始した九月一三日の時点でも、まだライフラインは完全復旧しておらず、道路には粉塵が舞い上がり、家の中にも大量のヘドロがたまっている状況だったといいます。

そんななか、EMわくわくネット三重のメンバーは、自分たちの特別レシピでつくった

EM活性液にEMセラミックスを混ぜたものを、動力噴霧器で床下や壁、庭などにていねいに散布していきました。この特製EMの効果は抜群で、あたりに立ち込めていた悪臭はみるみる消え、ヘドロの分解促進にも絶大な威力を発揮しました。

和歌山県の南端に位置する太地町からも、EMわくわくネット三重にSOSが届きました。昔から水害の多いこの土地では、民家の多くが二メートル近い石垣の上に建てられるなど、しっかりと水害対策がなされていましたが、今回の浸水は道路から最大三〜四メートルの高さにまで達したため、石垣上の家も一階部分が完全に水没してしまいました。

那智勝浦町のようなヘドロ被害はなかったものの、木造の家が多いことから周囲にはカビの臭いが充満し、消毒剤をまいた家の周囲には、ツンとした薬品臭が漂っていました。いうまでもなくEMはこうした場面にも有効で、散布直後からカビ臭は激減し、薬品の上からEMをまくことで鼻をさす刺激臭もほとんどなくなりました。

EMわくわくネット三重はほかにも、三重県紀宝町や和歌山県串本町、新宮市などでもEM散布を行い、その様子は地元の熊野新聞でも大きく取り上げられました。また今回の災害を受け、和歌山県でもEM活動を盛り上げていこうと「EMわくわくネット和歌山」を立ち上げる話も持ち上がり、設立に向けて準備を進めているところです。

タイの大洪水では政府の主導でEMを活用

日本が東日本大震災や原発事故後の対応に追われているさなか、今度はタイで一〇〇年に一度といわれる大洪水が発生しました。

二〇一一年のタイ大洪水は、七月末の豪雨によって北部山岳地帯の川が相次いで氾濫したことに始まります。この水はタイを縦断するチャオプラヤー川に流れ込み、流域の農村や田畑を次々と水没させていきました。九月中旬にはほぼすべての中部低地の県が洪水の影響を受け、一〇月中旬には日系企業の工場が多く集まるアユタヤ県も水没し、一〇月末にはついに首都バンコクの中心部にまで浸水が及んだのです。

熱帯性気候で雨の多いタイは、もともと水害が多発する国ではありますが、今回のように五八もの県にまたがる洪水は例がなく、流出した水量と影響を受けた人数において過去最悪の洪水となってしまいました。

一瞬ですべてを押し流した東日本大震災の津波とは異なり、じわじわと水位が上昇していった今回の大洪水では、家屋の倒壊や流出こそ少なかったものの、排水作業がはかどらずタイ全土で長期にわたって浸水が続きました。こうしたケースでもっとも懸念されるのは、腐った水がもたらす悪臭や感染症の蔓延《まんえん》です。

ＥＭ研究機構のタイ支部であるＥＭＲＯアジアは、過去にも幾度となくＥＭで洪水対策を行い大きな成果をあげてきたため、タイでは「洪水が起きたらＥＭ」というのが常識になっています。当然ながら二〇一一年の大洪水でも、人々の頭にはＥＭさえあればという期待があったと思います。

ところが今回はＥＭＲＯアジアの生産拠点であるアユタヤ県も洪水に見舞われ、土のうを積み上げるといった必死の対策もむなしく、一〇月一二日にＥＭＲＯアジアの工場は水没してしまいました。

職員の機転によりＥＭの種菌はタイ国内の各地に避難させていたものの、大量培養するための場所や設備はなく、仮にＥＭをつくれたとしても主要道路の多くが冠水した状況では輸送もままなりません。この一大事にＥＭをつくることも届けることもできないと、職員は頭を抱えました。

一方、タイ政府は一〇月一七日、中部一四県の汚水状況が危機的なレベルに達したとして「汚水浄化プロジェクト委員会」の設置を決め、天然資源・環境省および国防省を汚水問題の解決にあたる中心機関として任命しました。また同時に、この組織に対して技術上の助言や指導を行う諮問委員会を発足させ、その委員長にワラヌット・ジッタタムサパーポン女史を、副委員長にピチェート・ウィサイジョン陸軍大将を指名しました。

両氏の経歴については後述しますが、彼らはともにEMのよき理解者であり、過去にもさまざまな場面でEMの威力を目の当たりにしていたため、今回の洪水対策にも迷わずEMを活用すべきだという方針を固めました。

ピチェート大将の上官にあたる国防省トップからEMROアジアに問い合わせがあったのは、その直後のことです。

「EMの種菌を提供してもらえれば、陸軍はEMを培養するための施設や人員、輸送手段を確保するので協力してほしい」という申し出で、EMROアジアにとっても願ったりの話でしたから、すぐにこれを了承しました。すると一両日中には早くも軍の報道官を通して「今回の汚水対策はEMで行う」という発表がなされ、EMが公式に採用されたかたちとなったのです。

あとから聞いた話によると、この前後にはさまざまな団体が「うちが扱っている資材を汚水対策に使ってほしい」と話を持ちかけたそうですが、陸軍はこれまでの経験からＥＭに絶大な信頼を寄せていましたから、「ＥＭ以外の資材を使うことは、使いなれないライフルで戦場に出るようなものだ」と一蹴《いっしゅう》したそうです。

一〇月二〇日には委員会の設置が正式に首相令として発令され、この日より一五日以内に対策を開始すべしと期限がきられました。これを受けてＥＭＲＯアジアは委員会と会合をもち、バンコク郊外にある陸軍競技場をＥＭの生産拠点とすることなどを決定し、二八日に培養用のタンクが届くや間髪を入れずＥＭ活性液の生産を開始しました。

平時であれば培養には一週間は欲しいところですが、緊急時にぜいたくはいえません。このときは種菌の量を増やすなどＥＭＲＯアジアの職員がさまざまな工夫をこらし、またタイの熱い気候にも助けられて、一～二日のうちにはまとまった量のＥＭ活性液を供給できるようになりました。

一〇月二九日に陸軍競技場で行われたプロジェクト開幕式では、セティア・プームトーンイン陸軍大将（国防省次官）のあいさつに続き、近隣住民にＥＭだんごが配られました。前日に陸軍がテレビやラジオでＥＭだんごの無料配布を予告していたため、会場には多くの市民が集まり、なかには前日の夜から並んで待っていた人もいたそうです。

同じ日、ピサヌローク県バーンラガム郡のゴミ貯留地では、ワラヌット女史とピチェート陸軍大将の指導のもと、大規模なＥＭ散布が行われました。

このゴミ貯留地は四万八〇〇〇平方メートルの敷地全体が水につかり、腐った水とゴミがすさまじい悪臭を放っていました。水質のひどさはＤＯ値（溶存酸素量）をみても明らかで、同日の計測では一リットルあたり〇・六ミリグラムを示していました。これは生物がぎりぎり生息できる基準値二・〇を大幅に下回り、水の腐敗がどんどん進んでいることを示す値です。

この不衛生きわまりない一帯に、プロジェクトの実地部隊は放水車などを用いて三〇万リットルのＥＭ活性液を散布し、七万個のＥＭだんごを投入しました。

こうした場合、まっさきに効果を実感できるのは悪臭の軽減です。今回もやはりＥＭ散布の直後から悪臭はみるみる消えていき、三日後にはＤＯ値も三・六にまで急上昇し、一二日後の再計測では四・〇にまで回復しました。

〝きれいな水〟の基準である一リットルあたり六・〇ミリグラムにはあと一歩及びませんが、ゴミの山の中に長期間たまっている水としては奇跡的な数値といっても過言ではありません。

一一月一〇日には、アユタヤ県マハーラート郡ローンチャーン村のゴミ貯留地でもEM散布が行われました。こちらはバーンラガム郡のゴミ貯留地の倍近い広さがあるものの、悪臭は比較的軽く、DO値も一リットルあたり三・四ミリグラムと前回ほど悲惨な状況ではなかったため、投入量はEM活性液が三万リットル、EMだんごが三万個にとどまりました。

それでも効果は十分で、七日後にはDO値四・五と、これまたゴミ山の水とは思えないレベルにまで回復させることができました。

一一月一一日からは、各家庭でも悪臭対策や衛生対策にEMを役立ててもらおうと、陸軍競技場の一角でEM活性液の無料配布が始まりました。一〇月末にバンコクに到達した浸水はこのころになってもまだ引く気配がなく、あちこちで腰の高さまで水が滞留し、都内の衛生環境はいちじるしく悪化していたのです。

その浄化のためにEMをゆずってほしいという要望はたいへん多く、配布用タンクを用意したそばからカラになるほどの盛況だったといいます。この無料配布は一二月一〇日までの一か月間続けられ、合計四五万リットルのEM活性液が市民のもとに届けられました。

タイ陸軍も独自にEMプロジェクトを展開

天然資源・環境省と国防省による汚水浄化プロジェクトがひと段落した一一月中旬から、陸軍災害救援センター民間任務部による、もう一つのEMプロジェクトが始まりました。

前者がゴミ貯留地の汚水浄化に主眼をおいていたのに対し、陸軍の取り組みはEMに関する啓蒙《けいもう》活動や市民へのEM配布が中心で、両方のプロジェクトに共通するのは、ワラヌット女史とピチェート陸軍大将が中心的な役割を果たしてくれたということです。

一一月一九日には、政府関係者や市民有志らに向けた第一回目のEM研修会が開催されました。この日は、ピチェート陸軍大将が陸軍内におけるEM活用の実績について、ワラヌット女史がEMによる汚水浄化について講演を行ったのをはじめ、七名の専門家が水害対策のあり方やEM活用のノウハウを伝授しました。

集まった一〇〇〇名の聴衆はみな真剣に耳を傾け、講演後には「住居を衛生に保ち、感染症を防ぐためにはEMをどう使えばよいか」など具体的なアドバイスを求める質問が相次いだといいます。

一二月六日に開催された第二回目の研修会は、水が引いたあとのＥＭ活用に重点をおいた内容となり、やはり会場には一〇〇〇名が詰めかけて満員御礼になったということです。二回にわたる研修会と並行して、陸軍はバンコク、アユタヤ県、ロッブリー県、サラブリ県、ナコンパトム県の五か所にＥＭサービスセンターを設置しました。これは先のプロジェクトで陸軍競技場に設置されたＥＭ配布所をモデルにしたもので、それぞれの拠点でＥＭ活性液の培養と市民への無料配布を行いました。

どこも初日には長蛇の列ができるほど盛況でしたが、陸軍はさらに万全を期すために、冠水で身動きがとれない地域を個別に訪問してビン詰めのＥＭを配ってくれました。おかげで陸軍の株はぐんぐん上がり、どこへ行っても「陸軍ありがとう！」と感謝の声で迎えられるようになったといいます。

こうして配られたＥＭ活性液が、タイの各地で大活躍したことはいうまでもありません。たとえば、アユタヤ県やサラブリ県では水が引いたあと、住民総出でＥＭを使った大掃除が行われ、汚泥まみれだった道路はすっかりきれいに清潔になりました。またバンコクのブンブア集落では、市民が中心となって汚水の浄化に取り組みました。

その結果、ＥＭ散布の直後から蚊《か》の発生は減り、水からの悪臭もなくなって、浄化前は〇・五だったDO値が七日後には二・〇にまで回復したそうです。
これら二つのプロジェクトの成果は政府関係者の手で報告書にまとめられ、公式に発表されました。私の元にもその日本語訳が届きましたので、まとめの部分を要約して紹介します。

――洪水により発生した汚水をEMで浄化する作業は、効率的かつ整然と進められ、被災者の苦しみを軽減するというプロジェクトの目的は達せられた。これは関係した全組織が地道に任務を実施した成果である。また、市民を救援するために活動したことは、任務を遂行した者にとって大きな喜びであり誇りとなった――

これらのプロジェクトには、任命を受けた機関だけではなく社会開発省、文部省も積極的に参加し、さらにはタイ仏教協会、タイ経団連、多数の市民ボランティアも加わって挙国一致的な活動に発展しました。マスコミも連日その成果を取り上げたため、いまやタイ国民でEMを知らない人はいなくなったということです。

EMをタイ全土に浸透させたキーパーソン

このように、EMは東日本大震災でもタイの大洪水でも幅広い局面で活用され、期待を裏切らない成果をあげました。ただし両国のケースで決定的に異なるのは、日本でのEM活動がボランティアのレベルにとどまっているのに対し、タイでは陸軍をはじめとする公的機関が迅速かつ積極的にEMの活用を推進したということです。

もちろんEMROアジアもその活動をバックアップしましたが、プロジェクトの担い手はあくまで軍や省庁であり、われわれは彼らに手を貸したにすぎません。

この背景には、タイ陸軍が長年にわたってEMを活用し、タイ全土にEMを浸透させてきた下地があります。そして陸軍内においてEM活用を推進してきたキーパーソンが、先ほどから何度か名前のあがっているピチェート・ウィサイジョン陸軍大将です。

ピチェート氏（当時は陸軍大佐）がEMと出合ったのは二〇年ほど前、陸軍の任務として東北地方の緑化や農業推進を担当していたときのことです。

彼は当初、農家に化学肥料を配っていましたが、すぐに効果が落ちてしまうこと、また貧しい農家には高価すぎて継続が難しいことから、化学肥料の活用に限界を感じていました。そんなとき、サラブリ農場でEM講習会（詳細は第2章を参照）が行われていることを知り、「そんなによい資材があるなら使ってみよう」ということになったのです。

ピチェート氏はかなり現実的な人物ですから、まずは自分自身が実際にEMを使って有用性を試してみました。するとなるほど、EMを使うとたしかに作物の生長がよい。

効果を実感したピチェート氏は、東北部にサラブリ農場を模した小規模なモデル農場をいくつも立ち上げ、貧困農家の救済に乗り出しました。この取り組みが実を結び、東北部の治安や貧困問題が大きく改善されたのは、第2章で述べたとおりです。

この功績によって、南部の陸軍トップに昇格したピチェート氏は、新任地でもEMの普及に努めました。タイ南部ではゴムの木の栽培が盛んですが、食用ではないという油断から大量の農薬や化学肥料が用いられ、土はひどくやせ衰えていました。

また、もう一つの主力産業である漁業も、海洋汚染の影響で漁獲高は大幅に落ち込んでいました。ピチェート氏はそこへEMを持ち込んだのです。

最初のうちは、農家も漁師も「そんなよくわからない資材は遠慮したい」という反応だったそうですが、そこはＥＭを知りつくしているピチェート氏のこと、すぐさま彼らの心をつかむことに成功しました。もっとも早く確実にＥＭの効果を実感できる方法、すなわち悪臭対策を実行したのです。

よどんで悪臭を放っていた水辺にＥＭを投入するや、臭いはほとんど気にならないレベルになり、数日のうちに見違えて水が澄んでいく。トイレの掃除に使えば、家族を悩ませていた悪臭はみるみる消えてしまう。そのパフォーマンスは小難しい理論を並べたてるよりもずっと説得力があり、地元の人々は「なんだかよさそうだから、うちでも使ってみよう」と、こぞってＥＭを試すようになりました。

ＥＭのよさは使ってみればすぐにわかります。海にまけば水質が改善して魚影も濃くなるため、漁師は高い燃料を使って遠くまで漁に出る必要がなくなるし、土は本来の生命力を取り戻して二倍、三倍の実りをもたらしてくれる。

農家の人は論より証拠で動きますから、ＥＭの評判は口コミでどんどん広がっていき、ピチェート氏は赴任からわずか三年で南部にＥＭを浸透させることに成功しました。いまや南部三県では各町に三〇〇名のＥＭインストラクターが育ち、陸軍の手を借りずとも自分たちでＥＭの講習会を開けるまでになっています。

ピチェート氏がこれほどEMを重要視するのは、EMが市民とのコミュニケーションツールでもあるからです。どの国でも同じでしょうが、軍人がいきなり人々の中に入っていって「何か困っていることはないか」とたずねても、相手は警戒してなかなか本音を打ち明けてはくれません。

その点、EMがあれば、EMの使い方をレクチャーしているうちに自然と住民の輪に入っていける。とくにEMだんごをこねたり投げたりするのは、老若男女を問わず楽しい作業ですから、いっしょに遊んでいるような感覚になってすぐに心を開いてくれます。

ピチェート氏はこうして市井に深く入り込み、地域の問題点などを聞き出してその解決に力を注いだのです。

余談ではありますが、ピチェート氏は南部での功績が認められて陸軍大将にまで出世し、二〇一一年九月に退役されました。ところがその直後に大洪水が発生したため、上層部からEMの指導者が必要だと請われて、一時的に復帰して洪水対策プロジェクトの中核を担ったというわけです。

洪水問題が片づいた現在では、ふたたび官職を退き、一私人としてEM活動を支えてくれています。

タイの人々がタイのために動き、大災害を乗り越えた

洪水対策プロジェクトのもう一人の立役者であるワラヌット女史は、住宅公社の元副総裁です。

タイの住宅公社は社会開発庁に属する組織で、貧困層に住宅を提供する事業を行っています。しかし、いかんせん安普請のため浄化槽などの設備が十分に機能せず、どこも深刻な悪臭に悩まされていました。その解決策を探っていたところ、当時のピチェート大佐からEMをすすめられ、試してみたら本当によく効いた。それでEMの大ファンになったワラヌット女史は、さまざまな施策にEMを活用するようになったのです。

なかでも大きな功績はスラム街の衛生対策です。タイのスラム街は水辺に形成されていて、住民は小屋の下を流れる水路にゴミや汚物を平気で捨てる習慣があり、一帯には悪臭が充満し、きわめて劣悪な環境下にあります。

あるときバンコクのワットというスラム街でデング熱が流行し、子どもが三人も亡くなったことをきっかけに、ワラヌット女史はこの地域へのEM散布を提案しました。

海や河川ならともかく、閉鎖的な場所に長期間たまっている汚水を浄化するのは、いかにEMとはいえ難しいのではないか——。そんな反対意見もあったそうですが、EMはここでもしっかりと仕事を果たし、散布した直後から悪臭が軽減したのはもちろん、衛生状況が改善されたことでデング熱の流行もあっという間に沈静化しました。

二〇〇六年にはタイ北部で大雨が続き、大量のヘドロや流木がダムに流れ込むという災害がありました。このときはダムの放流口に汚泥がたまって放水ができなくなってしまい、あわや決壊かという事態になったのですが、この窮地を救ったのもEMとワラヌット女史でした。

彼女の発案でダムの放流口に約二〇〇トンのEM活性液を投入したところ、一週間ほどで放流口をふさいでいた汚泥は分解されて軟化しはじめ、二週間後にはダムはすっかり正常な機能を取り戻したのです。

二〇一一年のタイ大洪水対策にあたって、EMの活用がすんなりと受け入れられたのは、こうした数々の実績の積み重ねがものをいったからです。また、陸軍の講習会やメディアを通してEMのパワーが周知され、人々の間に「困ったときはEM」という認識が根づいていたことも大きな助けとなりました。

今回の洪水対策で使われた約六〇〇万個のEMだんごは、ほとんど市民ボランティアが提供してくれたもので、私たちはまったくといっていいほど関与していません。

学校関係者やゴミ処理センターなど、日常的にEMを使っている団体はもちろん、なかにはテレビで洪水被害の報道を見て「こんなときはEMだんごが役立つにちがいない」とひらめき、だれに頼まれたわけでもないのにEMだんごをつくって対策チームに届けてくれた人もいるそうです。

このほか、自分でつくったEMだんごを自分で使った人もたくさんいるでしょうから、実際に使用されたEMだんごの量は、私も把握できないほどになっています。

そんなふうに大量生産されたEMだんごの一つは、どういう経緯であろうかインラック首相の元にまで届きました。首相は洪水対策の開幕に際し、テレビカメラの前で自らそのEMだんごを放り投げてくれました。いつ、だれがつくって届けたEMだんごなのかはいまだ不明ですが、タイではそれだけEMだんごがメジャーになっているということです。

このように二〇一一年の大洪水対策では終始一貫、タイの人々がタイの国のためを思ってEMを積極的に活用しました。あれほど大規模な洪水が長期にわたって続いたにもかかわらず、その後の復旧がスムーズに進み、心配された感染症のパンデミックが完全に防止されたのは、タイの人々の愛国心とEMの力が結びついた結果といえるでしょう。

〝ふくしま〟を〝うつくしま〟にする除染プロジェクト

これまで東日本大震災とタイでの大洪水を例にとって、災害対策でのEM活用の実例をご紹介してきました。自然がもたらす災害にEMがきわめて大きな効力を発揮することは、十分おわかりいただけたと思います。

ここからは、自然災害が引き金にもなりうる〝人災〟——放射能汚染対策について述べていきたいと思います。EMが放射能汚染に有効であること、またチェリノブイリ原発事故の被災地であるベラルーシでの実験結果は、第3章で紹介したとおりです。

東日本大震災にともなう福島第一原発事故では、七七万テラベクレルもの放射性物質が放出され、東日本の広大な地域に飛散しました。なかでもやっかいなのが放射性セシウム一三七による土壌汚染で、これは半減期が三〇年と長いうえ、土に含まれる粘土や有機物と強く結びついて土壌表面から五センチ以内に長くとどまる性質をもっています。

汚染された農地の除染をどうするかという問題に対し、農林水産省は表土のはぎ取りがもっとも効果的だとする検証結果を発表しました。しかし専門家の試算によれば、放射性物質の除染対象となりうる土地面積は最大で福島県全体の七分の一にあたる約二〇〇〇平方キロメートルにも及び、除染土壌の体積は東京ドーム八〇杯分に相当する一億立方メートルにもなるとしています（二〇一一年九月一五日朝日新聞より）。

表土をはぎ取る労力や費用負担、はぎ取った表土の処理方法を考えると、学校の校庭程度ならいざ知らず、福島県の大部分を占める農地や山林でこの方法が可能かどうかは、はなはだ疑問といわざるをえません。

一方で、少数ではあるものの複数の機関により、光合成細菌や糸状菌などの微生物を用いた除染も検討されています。とはいえ従来の常識や行政のシステムでは、ＥＭによる除染の提案が国レベルで受け入れられる可能性は低く、私たちはすべて自前でやる覚悟で動きはじめました。ＥＭボランティアによる実績を積み上げ、多くの人の理解を得ることが、ＥＭ除染を広めるいちばんの近道だと考えたのです。

原発被災地〝ふくしま〟から、自然エネルギー・植物エネルギーの〝うつくしま〟へ——。そんなスローガンのもとで始まったEMによる除染プロジェクトは草の根的に広がり、かなりの成果をあげています。

震災から五か月後の八月五日に現地を訪れ、関係者と情報交換を行った際には、「校庭や自宅の庭にEM活性液を散布したところ、当初は毎時六マイクロシーベルトであった土壌表面の放射線量が〇・五マイクロシーベルトまで下がった」「EMで育てた農作物からは、これまで一度も放射能が検出されていない」といった報告が相次ぎ、否定的な知らせは一つもありませんでした。

こうした活動をサポートするため、EM研究機構は新たに福島事務所を構え、県内二〇か所に百倍利器ジャスト（EM活性液の大量培養装置）を設置しました。このEM活性液は原則として無償もしくは実費で提供され、除染や農業などに幅広く活用されています。

わずか二か月で放射線量が七五％も減少

福島県飯舘《いいだて》村は、福島第一原発から北西に約四〇キロと距離があるにもかかわらず、空気中の放射線量がきわめて高く、土壌からも放射性物質の検出が相次いだことから、二〇一一年四月一一日に「計画的避難区域」に指定されて住民全員に避難指示が出されました。

すっかり人の気配がなくなった五月中旬、われわれはこの村でＥＭによる環境修復試験を開始しました。約二〇アールのブルーベリー園内を「無処理区」「ＥＭ処理区」「ＥＭ＋有機物処理区」の三区画に分けて、それぞれの放射線量の推移を実証検証するというものです。

ＥＭ処理区には、光合成細菌を二〇％添加して強化したＥＭ活性液を週二回、一〇アールあたり一〇〇リットル散布しました。ＥＭ＋有機物処理区には、同質同量のＥＭ活性液に加え、ＥＭの繁殖をうながすために一〇アールあたり二五〇キロの米ぬかを初回のみ施用しました。この施用量はベラルーシの実験に用いた倍以上の量であり、確実に成果をあげる自信があったのですが、結果は期待を上回るものでした。

実験開始から一か月後、私たちは文部科学省の環境試料採取法および農林水産省の通知に従って、深さ一五センチまでの土壌を採取して放射性セシウム一三七の濃度を測定しました。

すると実験開始直後には土壌一キロあたり二万ベクレル以上あった放射線濃度は、すべての処理区で四〇%減少しており、さらに二か月後の測定では七五%減の五〇〇〇ベクレルにまで減っていたのです。これは国が定める水田の作付け制限基準値内、すなわち農業をやってもいいというレベルです。

この驚くべき結果に、当初は関係者からも「セシウム一三七が大幅に減ったのは、降雨などによって土壌深くにまで浸透して流出したせいではないか」という疑問の声が上がりました。しかし一五〜三〇センチの深さから土壌を採取して測定しても、放射線濃度は一キロあたり三〇〇ベクレルとさらに低く、下層への浸透は認められませんでした。

のちに農林水産省が発表した試験報告でも、セシウム一三七は土壌中の粘土粒子などと強く結合していることから容易に水に溶出せず、耕起していない農地の場合は表面から二・五センチの深さに九五%が存在しているとされています(九月一四日付プレスリリースより)。

それではなぜ、土壌表面に堆積《たいせき》していたセシウム一三七が二か月で一万五〇〇〇ベクレルも減ったのか。自然消滅がありえない以上、EMの効果だと考えるほかありません。

EMが放射性物質を除去するメカニズムはまだ完全には解明されていませんが、これまでの事例から推察するに、EMは放射性物質のエネルギーを触媒的に消去、あるいは生物的元素転換を行っているという仮説が成り立ちます。

この説を裏づけるためにも、私たちは飯舘村での実験を継続し、圃場《ほじょう》内のセシウム濃度がどのように推移するかを確認するとともに、できるかぎり外的要因を制限したポット試験も始めています。

EMで育てた野菜は三〇〇点すべて「放射能非検出」

いったん汚染された土壌から完全に放射能を取り除くことは困難です。しかしEMを徹底して使えば、農地の放射線量が下がるだけではなく農作物への移行もなくなるというデータが多数出ており、風評被害に苦しむ農家の希望の光となっています。

ここではその一例として、マクタアメニティ株式会社の取り組みを紹介します。

福島県伊達《だて》市に本社を置くマクタアメニティは、県内にある数十軒の有機・特別栽培農家と契約を結び、生産指導から流通までのSCM（サプライチェーンマネジメント）を構築している会社です。

代表を務める幕田武広さんは、約二〇年前にEMと出合って以来、生産農家の方々と力を合わせてより有効なEMの使い方を研究し、生産と販売の体系化に努めてきました。一口にEM栽培といっても、その効果は使われ方で差が出るため、「マクタブランド」として流通させるからには、どの農家でとれたEM野菜であっても同じように高い品質を保つ必要があると考えたためです。

努力のかいあって、マクタブランドのEM野菜は安全安心で味もよいと評判を呼び、一般の農作物とは別ルートでデパ地下や高級スーパー、一流レストランやホテルなどにも納入されるようになりました。農作物の取扱高は伸びつづけ、大手流通業者にもマクタブランドの品質への信頼が定着しはじめていました。

ところが、すべては福島第一原発の事故により一変します。原発が水素爆発を起こした直後、まず東京の大手デパートから「福島県産は取り扱わない」という通達がありました。するとほかの小売店も右にならえとばかりに福島からの仕入れを停止し、福島県産は危険だという風評が一気に広がってしまいました。

マクタアメニティは福島県産を売りにしてきただけにダメージは大きく、取扱高は激減し、県内に約五〇軒あった契約農家も避難や離農によって、四〇軒ほどに減ってしまいました。

事故に対する人々の反応は、がんばってと励ましてくれる人もいれば、五～一〇年は福島の農業は絶望的だという人もいて、幕田さん自身も正直、一～二年はだめだと思ったそうです。

それでも幕田さんは、作物をつくっていいのかどうか迷っていた農家に対して「損害賠償の対策にも必要だから耕作をあきらめないで」と励まし、ＥＭ栽培の指導を続けました。五～六月から始めた独自の放射能調査では、ＥＭで育てた野菜はすべてＮＤ（検査機器の検出限界以下）という結果も出て、少しずつ光が見えはじめました。

ところが七月に入り、汚染稲わらによるセシウム牛肉の問題が発生すると、ふたたび雲行きが悪化します。

その後も原発事故について、実はメルトダウンではなくメルトスルーまでいっていたなどという情報のあと出しが続き、約束された除染活動はいっこうに始まらず、食品の安全基準なども二転三転しているうちに、国の話はまったく信用できないということになり、結果として風評被害に歯止めがかからなくなってしまったのです。

こうなると、放射能が検出される、されないにかかわらず、福島県産というだけで流通からはじき出されてしまいます。何とか出荷しようと思ったら、ほかの地域で加工するなどして産地表示をしなくてもいい流通のルートに乗せるなどという手もなくはありません。しかし、マクタアメニティのSCMは、生産者や生産方法、流通経路などの情報をすべてオープンにすることで安全安心を担保するシステムであり、ごまかしはききません。

安心安全のための正確な情報発信のしくみが割をくっている――。

そんな異常な状況に苦悩しながらも、幕田さんはEMに希望を託し、EM研究機構と協働で実証実験に力を注ぎました。

といっても、特別なことを行ったわけではありません。これまでマクタアメニティが農家に指導してきたとおり、EM発酵肥料やEM堆肥で土壌改良した土地でさまざまな作物を栽培し、放射能がどれだけ農作物に移行するのかを徹底的に調べたのです。

EMで育てた農作物が放射性物質を吸収しないということは、EM関係者のなかでは以前から常識となっていましたが、日本では前例がないことだけに、幕田さんも最初は半信半疑だったといいます。

もちろん実証実験の結果は連戦連勝で、小松菜、ホウレンソウ、梨、キュウリ、ナスなど検査した約三〇〇点の農作物はすべて、放射能がNDという結果でした。さらに正確を期すために、ランダムに一〇件ほどの作物を選び、測定精度の高いゲルマニウム半導体測定機で測定しました。ゲルマニウム半導体計測機は一ベクレル単位で放射能を検出できるため、これでNDが出るということは、放射性物質はまったく含まれていないということです。結果はすべてNDでした。

なかでも特筆すべきは、セシウム一三七の濃度が一キロあたり六〇八三ベクレルの土壌でとれたキュウリでさえもNDだったことです。福島県二本松市では一キロあたり五〇〇ベクレルを超える米が収穫されて大きなニュースとなりましたが、その水田の放射線量は三〇〇〇ベクレルと、キュウリ畑の半分以下の数値でした。

この差が何に起因するかといえば、作物や土壌の違いもありますが、一番はやはりEMを使っていたかどうかです。すなわちイオン化した水溶性のセシウムを作物に吸収させないためには、セシウムが非イオンの金属に戻るほかないのですが、EMを施用するとそのような現象が起こるのです。類似の現象は放射性のストロンチウムはもとより、さまざまな重金属でも認められています。

EMが非イオン化作用をもつことは、本書でも何度か述べてきたとおりであり、放射能問題が起こるずっと前から実証されていることです。

たとえば土壌が酸性化し、ホウレンソウがつくれなくなってしまった農地でも、EMを使いつづければ一作ほどで中性化が進み、石灰を施用しなくてもホウレンソウは正常に育つようになる。これは酸性の原因である水素イオンをＥＭの光合成細菌がエサとして使ったか、ＥＭがつくり出した有機酸が最終的にマイナスの水酸イオンをつくり、水素イオンを中和したためです。

こうした結果に自信を得た幕田さんは、契約農家にその情報を発信するとともに、ＥＭによる除染の指導にも乗り出しました。

福島県福島市のある梨農家は、県が推奨する「古くなった木の皮をはぐ」という方法に加え、ＥＭ活性液による高圧洗浄を採用し、農地内の放射線量を大幅に下げることに成功しました。

また、一八年前からＥＭを使いつづけている伊達市の野菜農家では、原発事故後もずっと放射能はＮＤが続き、半年後の一一月にはマクタアメニティ経由で東京の有名百貨店への納入を再開させることができました。

田村市都路のコスモファームの今泉智さんは、その地域が警戒区域に指定されたため、いったんは避難したそうです。しかし避難地域である大熊町のＥＭ農家の堆肥の上の放射線量が低くなっていることや、これまでのEMによる放射能低減効果を確認したため、戻ってEMによる本格的な除染を行いつつ農業に取り組んでいます。

かつてのキノコ培養工場を活用し、週に三〇トンの活性液がつくれる本格的なものです。消防ポンプを使い、近隣の山林にも一〇〇メートル幅で散布しています。そのため全体の放射線量が安全なレベルまで低下しており、山林を含めた今後の広域な除染法として活用できるレベルにまで達しています。

福島県の農業の再生には長い時間がかかると考えられていますが、EMで育てた農作物からは放射性物質がいっさい検出されず、しかも高品質で味もいいということが知れわたれば、風評被害は一気に解消します。

のみならず、これを機に福島県の全農家がEMを徹底して使うようになれば、ほかの県よりもはるかにいいものができるため、いまの逆境をプラスに転換することさえ可能です。

そのために私たちも、福島県でEM活性液を大量に供給できる体制を整備しているところです。

なお、マクタアメニティは福島県が公募した「民間等提案型放射性物質除去・低減技術実証試験事業」に対して「微生物改良資材（EM）、EM発酵肥料・堆肥を活用した土壌改良により、放射性物質の作物への吸収を抑制する技術」を提案し、一〇件のうちの一つとして採択されました。二〇一二年五月十七日、その結果として顕著な効果があった（t検定〇・一水準で有意）ことが、県のプレスリリースで発表されました。これは、日本の公的機関がＥＭが放射能の吸収抑制に効果ありと認めた、はじめての例です。

農林水産省は、今回の放射能対策に微生物資材のような物理的ではない技術は使わないと早々に決めてしまいましたが、より切迫している福島県は、ＥＭというローコスト・ハイクオリティな技術に頼らざるをえなかったということでしょう。

風評被害もＥＭの徹底活用でたちまち逆転

こうしたデータからも、ＥＭを徹底して活用すれば、たとえ放射能が残る農地であっても正常な農業ができることは明らかです。ただし福島県の風評被害を根本的に解決するには、農家の努力だけではなく流通業者の理解も必要になります。すなわち産地はどこであれ、ＥＭを使って育てた農作物は安全安心で品質もいいということを、流通関係者や消費者に周知する必要があるのです。

そのために私は流通最大手のイオンに多大な期待を寄せています。イオンは二〇一一年一一月、自社の検査で少しでも放射性物質が検出されたら、たとえ国の基準値以内であってもその農作物は入荷しないと宣言しました。

いわば国の安全基準を無視した対応ですから、農林水産省などからすればおもしろいはずはありません。しかし、放射能を心配している消費者にとっては、イオンで買えば絶対に間違いないというひとつのセーフティゾーンができたのですから、歓迎すべき話です。

そしてまたイオンの宣言は、裏返せば「放射能さえ検出されなければ福島産でもどこでも、産地を問わず流通させる」というのと同じことですから、福島県の農家にとってもけっして悪い話ではありません。

私はこれをもう一歩進めて、ぜひ「放射能が不検出なら福島県産を優先的に買う」という運動にしてほしいと考えています。なぜなら福島県の農家はこれから徹底してＥＭを使うはずですから、当然の結果として味も品質もよく、健康にいい農作物ができるからです。

ＥＭを使えば放射能は有害なばかりではないことも、数々の実験から明らかになっています。私は以前から、ＥＭは放射性物質をエネルギー肥料として使えるはずだと考えていました。このことをドイツのフンボルト大学の関係者に話したところ、人づてに話を聞いたロシア人の学者が興味をもち、ベラルーシに隣接するロシアの汚染地帯で小麦やトウモロコシを育てる実験を行いました。チェルノブイリ原発事故から一〇年後の一九九六年のことです。

そして三年後、ドイツで開催されたEM国際フォーラムのとき、このロシアの学者が実験でできた麦の穂を持って私に会いに来てくれました。それはふつうの麦の穂の一・五倍から二倍の粒数があって背丈も二割ほど高く、EMが放射能のエネルギーを生産力に変えた証拠ともいえるものでした。

同じような事例は福島県でも確認されています。東日本大震災後の福島は、雨や曇りがちな日が続くという、作物栽培には最悪の天候で、とくに桃栽培では病気が多発する条件となっていました。ところがEMをきちんと使った農家では病気はまったくなく、むしろ例年より生長がよく味も品質もいい桃ができたのです。もちろん放射性物質はすべてNDでした。

こうしたことから福島県でのEM活用は加速度的に広がっており、農作物の汚染対策だけではなく、家畜の健康管理にEMを導入するケースも増えています。ベラルーシの経験では、ＥＭで牛を管理すると牛乳に含まれる放射性物質が減るというデータが出ており、福島県南相馬市で、ＥＭで育てた牛乳は二か月ぐらい経過した時点で放射性セシウムがいちじるしく減少していることも確認されています。このことから私は、ＥＭが家畜の内部被曝《ひばく》の防止にも有効であるという確信をもっています。

子どもたちを放射能から守る幼稚園での除染実験

ＥＭによる除染は、農地のみならず市街地や学校でも実践されています。福島県郡山市にある保育合同の私立幼稚園、学校法人エムポリアム学園は、二〇一一年六月からＥＭによる放射線量の低減化試験をスタートさせました。

郡山市は県内でも比較的放射線量の高い地域で、福島県が二〇一一年四月に検査した時点では毎時三・四シーベルトを記録しました。市は緊急の措置として表土のはぎ取りを行いましたが、やはりそれだけでは不十分で、園内には放射線量の高いホットスポットが点在していました。

園児たちの健康を守るには、除染を行政まかせにするわけにはいかない。そう決意した園長や理事長らは、自分たちでできる対策を模索しはじめました。

そこで白羽の矢が立ったのが、チェルノブイリ事故後の除染で効果をあげていたＥＭです。最初は半信半疑だったものの、郡山市内でＥＭ活動を行っているＮＰＯ法人「エコ郡山」代表の武藤信義さんに問い合わせたところ、武藤さんの誠実な人柄からも「ＥＭは信頼に足る」と感じ、本格的に導入することになったといいます。

最初に着手したのは玄関前のアスファルト部分です。ここは以前、高圧洗浄機で洗浄を試みたものの効果は薄く、ＥＭ施用前は毎時およそ〇・五マイクロシーベルトを計測していました。

そこで六月一〇日より週に一度、水で五倍に希釈したＥＭ活性液を一平方メートルあたり〇・八リットル散布したところ、時間の経過とともに放射線量は徐々に下がり、半年後の一二月二八日には〇・一五マイクロシーベルトと、七〇％以上低減しました。隣接するＥＭ無処理区でも放射線量の減少は確認されましたが、こちらは約五〇％と減少幅は少なめでした。

九月二二日からは園庭の土へのＥＭ散布も始まり、週に一度、五～一〇倍に希釈したＥＭ活性液を一平方メートルあたり一リットル散布しました。ここでもＥＭはしっかりと役割を果たし、約四か月後の二〇一二年一月一四日の計測結果では、何も処理をしていない区画の空間線量低下率が七・二％であったのに対し、ＥＭを散布した区画は一七・五％と明らかな差がみられました。

こうしてＥＭの力を実感したエムポリアム学園では、除染だけではなく観賞用の水槽やトイレなどにも積極的にＥＭを使用するようになりました。すると水槽の水替えはぐんと楽になり、トイレの臭いも顕著に改善されたほか、室内の空間線量が低下するというオマケまでついてきました。

なかでもトイレでは、すぐ外側の側溝に雨水や泥がたまっている影響で、以前は空間線量が毎時〇・三マイクロシーベルトもあったのですが、消臭のためにＥＭ活性液をトイレに毎日散布していたところ、いつの間にか毎時〇・一五ミリシーベルトにまで減少していたということです。

二〇一二年三月に開催されたＰＴＡ主催の教養講座では、こうしたＥＭによる除染活動について報告がなされたほか、各家庭でも生活環境の改善や放射線対策にＥＭを活用してもらおうと、父兄の方々にＥＭ活性液を一〇リットルずつ配布しました。

エムポリアム学園の事例からもわかるように、ＥＭによる除染は週に一回、適量を散布するだけでよく、手間もコストもほとんどかかりません。除染のつもりではなく、日常的にＥＭを使っていたら自然と空間線量が下がっていたという話も、多く報告されています。

大切なのは、すぐに効果が出なくともあきらめずに長期間使いつづけることです。ＥＭは微生物なので冬場は増えにくく、効果が出るまで時間がかかる場合もありますが、完全に活動を停止しているわけではなく、有用な酵素を出しながら春に備えているのです。

したがって寒い時期にせっせとＥＭをまいておけば、気温が上がりはじめるころに加速的に効いてくる。暖かくなってから使いはじめるのと冬から準備をしておくのとでは、効果があらわれるスピードに雲泥の差が出ます。

また、冬場のＥＭ活用でおすすめしたいのは、加湿器との併用です。加湿器にＥＭを混ぜて蒸発させると部屋中にＥＭがいきわたるため、室内の除染にたいへん効果があります。

郡山市内のある民家では、空間線量が一定以上になると作動する警報機がしょっちゅうピーピー鳴るのでうんざりしていたところ、ＥＭで加湿をするようになったら反応はピタリとやんだそうです。

最初は測定機の故障かと思ったそうですが、よそへ持っていくとふたたび音が鳴り出すので、これは間違いなくEM効果で室内線量が下がったのだと確信して、ますますEMのファンになってくれたといいます。

このような情報が広がるにつれ、福島県内はもとより、各地のホットスポット地帯の幼稚園や学校などEMによる除染を行うようになり、多数の成果があがっています。

このように、EMによる除染は確たるものになりはじめており、個々の責任による除染は急速に広がりをみせています。

がれきや高濃度汚泥もEMなら安全に処理できる

東北の復興に向けて大きな課題となっているのが、放射性物質を含む汚泥やがれきの処理方法です。このうち放射線量が低い安全ながれきについては、いくつかの市町村が受け入れを表明しているものの、高濃度汚染物については保管場所さえ定まっていないのが現状です。

EMがこうしたがれきや汚泥を安全に処理できることは、岩手コンポストの取り組みが実証しています。本書でも何度か登場している岩手コンポストは、汚泥や生ゴミなどを発酵処理してコンポスト（堆肥）化する事業を手がけており、そのシステムにＥＭを導入してすでに一五年あまりになります。

ここでは建物から処理システムまですべてがＥＭ仕様になっており、ＥＭの力がきわめて高いレベルに保たれているため、高品質の有機質肥料を大量に生産できるばかりか、汚泥のコンポスト化では必ず問題となる重金属や有害物質もすべて無害化することに成功しています。

この岩手コンポストには二〇〇ベクレル程度の汚泥がコンスタントに搬入されていますが、三〇日間の発酵を終えたものはすべてＮＤとなっており、五〇〇～七〇〇ベクレルほどの汚泥も四五日後には不検出にすることができました。

こうした実績をふまえれば、現在大問題となっている五万ベクレルを超える高濃度の放射能汚染汚泥であっても、岩手コンポストの処理システムを用いれば短期間で有機肥料化することが可能だと考え、具体的な検討に入っています。

がれきについては、放射能もさることながら、その中に多量のプラスチックやアスベストなどが混じっていることが問題です。このような廃棄物を野焼き状に焼却するとダイオキシンなどが大量に発生し、焼却灰にも多くの有害物質が残されます。

ダイオキシンの発生を抑えるには完全燃焼、すなわち八〇〇度以上の高温で焼却する必要があるのですが、一般の焼却炉でそれをすれば炉内の耐熱レンガの劣化が早まり、炉の寿命を縮めてしまいます。かといって八〇〇度の高温に耐えうる高性能な溶融炉をもつ自治体は限られています。

一方、ＥＭには低温完全燃焼というすぐれた機能があります。ＥＭを使えば五〇〇度以下の低温でも完全燃焼となり、ダイオキシンなどはいっさい発生しなくなるのです。

低温燃焼させる方法は非常にシンプルで、ＥＭセラミックスを混和したコンクリートでかんたんな焼却炉をつくり（あるいは既存の炉内の耐熱レンガをＥＭセラミックスで強化し）、焼却するゴミにＥＭとＥＭセラミックスパウダーをふりかけ、乾燥したのちに燃やすだけです。

すると煙はほとんど出ず、焼却灰も極端に少なくなり、ダイオキシンはまったく発生しないか、発生してもすべて法令の規制値以下となります。この技術は沖縄県旧具志川市や埼玉県和光市の焼却炉にも応用され、その効果が実証されています。

極端なことをいえば、がれきの山にＥＭとＥＭセラミックスパウダーを十分に散布し、乾燥後そのまま野焼きにしてもダイオキシンは発生しません。もちろん焼却灰にも有害物質はまったく含まれないため、埋め立て用はもとより土壌改良資材として再利用することも可能になります。

補助金の出ないホットスポットこそ、ＥＭの活用を！

放射能汚染に頭を悩ませているのは福島県だけではありません。局地的に放射線量が高いホットスポットは東北や関東の各地に存在し、その除染方法が大きな課題となっています。私はこうした地域にこそ、ＥＭの活用を提案したい。なぜならこれらのグレーゾーンには、除染のための補助金が出ない可能性があるからです。

もちろん放射能汚染がれっきとした事実である以上、国が補償しなくても、東京電力が補償金を出さなくても、除染にかかった費用を東京電力に請求する権利はあります。しかし、とりあえず自前で除染をするからには、低コストで確実に効果を出せる方法を選ぶのが賢明であり、それに該当する技術はＥＭ以外にありません。

実際に栃木県や千葉県のホットスポットでは、ＥＭによる除染が少しずつ始まっています。栃木県内には、公園や道路などの管理で発生する落ち葉などの有機物を堆肥化する施設が数か所あります。ところが、原発から遠く離れているとはいえ、これらの有機物も放射能で汚染されていて、堆肥にして利用することができなくなってしまいました。東北から関東にかけて、同様の事例はたくさんあります。

栃木県のある堆肥化施設では、平均で一〇〇〇ベクレル、ひどいときには一万ベクレルに近い放射線量を計測していましたが、ＥＭ関係者の指導のもとでＥＭを散布し、放射能が移動しないプラスチックの袋の中で発酵させたところ、二か月後には放射線量は半分にまで減り、農水省の基準をクリアしていました。これには東京電力の担当者も興味を示し、わざわざ視察に訪れたそうです。

また、水で流すだけでは放射線量が落ちにくいアスファルトでも、ＥＭを散布すると劇的に線量が下がるケースが多いため、都市部の除染技術としても注目されはじめています。

国や自治体が本腰を入れれば問題は数年で解決する

ＥＭを使った除染活動は現在、主として各地域のボランティアによって推進されています。ＮＰＯ法人地球環境・共生ネットワーク（Ｕ-ネット）がＥＭを大量に培養する器材を貸与して、ボランティアのメンバーがそれぞれの生活圏を中心に除染を行うという方法です。

とはいえボランティアにできる除染はどうがんばっても学校や自宅周辺が限度であり、山林となると手も足も出ません。広い地域の除染を行うには、やはり公的機関の協力が欠かせないのです。

もっともかんたんなのは、自衛隊のヘリコプターで山頂にＥＭを投下することです。投下されたＥＭは傾斜に沿って山全体に広がり、放射能をエネルギー源として増殖しながら、数年で放射能をゼロ近くにまで減らすことも可能です。

数万ベクレル程度の汚染であれば、これで十分な効果が期待できますが、それ以上の高濃度汚染に対応するには、光合成細菌の比率を高めたＥＭを使う必要があります。

具体的には、タンクで培養した光合成細菌とＥＭ活性液を半々程度に混和し、一〇〜五〇倍に薄めたうえで、くまなく浸透するように散布する。これで見通しの立たない高濃度汚染地域の除染もスムーズに進みます。

効果が出ないときは、放射能の強さと散布量のバランスと反応期間が合っていないだけなので、繰り返し散布すれば必ず放射線量は下がります。

この方法で福島県全体の除染を行い、同時に一次産業や環境対策のすべてにＥＭを活用すれば、山も川も海も浄化され、農業も水産業も復活します。

コストがかかる部分はせいぜい培養タンクの設置とヘリコプターを飛ばすくらいですから、効く、効かないの議論をする前に、まずはやってみればいい。除染もがれき処理も要は首長の決断次第であり、ＥＭの万能的な実績をふまえて英断されることを、心から期待しています。

第5章

〝だれもが幸せになる〟社会の実現

伊勢神宮に象徴される日本人のＤＮＡ

第１章で述べたように、ＥＭはほとんど偶然の失敗から生まれたものです。私は一応その開発者を名乗ってはいますが、結局のところＥＭはどこにでもいる微生物ですし、組み合わせの妙を発見したといっても、それは偶然に導かれた結果にすぎません。

私はＥＭを発見したというよりも、何かのご縁でお預かりしたのでないか――。けっして謙遜《けんそん》ではなく、私は開発当初からそんな思いを抱きつづけてきました。それは私自身の人生を振り返ると、よくわかります。

太平洋戦争で壊滅的な状態となった沖縄に生まれた私は、幼いころから食料の確保に懸命になっていました。天はそんな少年を農業の尊さに目覚めさせ、一生を農業のために尽くすという決心をさせてくれました。同時にさまざまなめぐり合わせで、その少年は戦後の教育改革で地方にできた大学に学ぶチャンスを与えられ、その後大学院に挑戦することになります。

実力はまったくなかったにもかかわらず、担当教授が私の沖縄農業への熱き思いを評価して合格させてくれたのです。さらに幸運が重なって、私は琉球大学教授職員養成のための第二期国費大学院留学生に採用されました（当時の沖縄はアメリカの統治下にあったため、九州大学大学院へ進学するにも〝国費留学〟という扱いだったのです）。

これにより経済的な不安がなくなり、研究に専念できるようになったことが、結果的にＥＭの開発につながり、四〇歳で教授という頂点に達することができました。私はこの段階で「これからの自分の人生はすべて世の中のために尽くそう。それがこれまでの幸運に報いる私の義務である」と考えるようになりました。天はそのために、私に十分な時間と想像を絶する機会を与えてくれたのです。

その後、ＥＭが学会に否定され、さまざまな学者や団体がＥＭつぶしにかかりましたが、私の信念はゆるぎませんでした。ＥＭはバッシングが起こるごとに強靭《きょうじん》になり、たくましく成長してくれました。

そして開発から三〇余年、世界を一巡したＥＭは太平洋戦争以上といわれる未曾有《みぞう》の国難に間に合い、原発事故の放射能汚染対策を含むすべての問題に解決策を提示できるようになりました。現在も多数の人々が、その具体的な対応のため昼夜を問わず協力してくれています。

この現実を前に、私は自分自身の人生の責務を果たしえたという安堵《あんど》感に胸をなで下ろしています。また、中国のある科学者からは「明治以前は沖縄が独立国家であったことを考えると、日本政府は、EMが生まれた沖縄が日本であったことに感謝すべき」といわれ、涙したものです。

EMを私利私欲や特定の企業、団体のためではなく社会全体のために役立てたいと考えるようになったのは、そんな背景があったからです。

EMは当初、国内よりも海外で広く普及しました。既得権益にがんじがらめにされ、従来どおりの方法を変えようとしない日本とは違い、海外とくに新興国では、少ない予算で食糧増産や環境改善といった緊急の課題に対処しなければならないため、ローコスト、ハイクオリティのEMを積極的に活用してくれたのです。

現在もEMを国家プロジェクトとして活用している国は二〇か国以上に上り、タイのようにに日本よりもはるかに普及が進んでいる国も少なくありません。けれども私は、今後EMの理念を正しく共有し、発展させていく国際的なモデルをつくるのは日本しかないと考えています。自分が日本人であるという身びいきを差し引いても、私は日本にはＥＭの思想が根づく土台があると感じています。

その象徴が、伊勢神宮です。およそ二〇〇〇年の歴史をもつこの日本屈指の「いやしろ地」が、なぜ世界の良識者を感動させるのか。それは単に歴史が長いという理由だけではありません。人間と自然が協調し、一三〇〇年あまりの間式年遷宮（定期的に行われる遷宮）を通して自然の妙を神様にまで進化させ、八百万《やおよろず》の神々として守ってきたという、世界に類例のない側面があるからです。

伊勢神宮の巨大な御神木は、一見すると自然の木が大きくなったように思われます。しかし現存する御神木で樹齢が一三〇〇年を超えるものはほとんどなく、逆算するとすべて人間の手によって植えられ、管理されてきたことがわかります。

つまり伊勢神宮の御神木群は、一三〇〇年以上もの永きにわたって人間と自然が合作してつくりあげてきた文化・芸術の結集であり、その結果が八百万の神々をつくっているのです。ここには偶像は一体もなく、すべてが自然との合作です。

また、遷宮に必要な木材の供給システムはもとより、造営の際に出る旧材は、本宮を支える一二五社の維持などに活用されるため、廃棄物はまったく発生せず、最終的にはすべて自然に帰するしくみになっています。このような例は世界広しといえども伊勢神宮だけです。

たしかに台湾山脈には二〇〇〇年をはるかに超えるタイワンベニヒノキの大樹木群があり、アメリカやカナダにも樹齢数千年のセコイアの巨木があります。屋久島の縄文杉も樹齢という観点からみれば伊勢神宮の御神木をはるかにしのぎます。けれども、これらの樹々は人間から遠く離れた自然のシンボルであって、人間が維持管理してつくりあげた作品ではありません。

伊勢神宮の御神木が象徴する自然と人間の協調は、日本文化の原点であり、すべての尊厳を認めるという万世一系の共生の思想の源流です。そのDNAは、現代の私たちにもたしかに受け継がれています。このような潜在力は、自然に即した生き方を重視し、時間を味方につけるというEMの思想とも見事に調和するのです。

デジタルの競争社会ではすべてが立ち行かない

EM運動の究極は、人類の共通課題である農業（食糧）、環境、資源エネルギー、教育の問題を、ＥＭによって〝安全で快適、低コストで高品質で、累積的な持続性〟という条件つきで解決し、未来型の高度情報・共存共栄社会をつくること、すなわち幸福度の高い社会づくり、国づくりにあります。

伊勢神宮のＤＮＡを継承する日本人であれば、必ずこの理想を実現できる。その確信にゆらぎはないものの、残念ながらいまの日本ではお金や権力を指針とするデジタル的な価値観ばかりが幅を利かせ、思いやりや忍耐、希望といった数値化できないアナログ的価値観は置き去りにされる傾向があります。

デジタル的な社会では人の努力や能力をすべて数値化（デジタル化）し、その数値で優劣の評価を下します。これは一見客観性があるようですが、デジタルに換算できない価値観をすべて抹殺してしまうという危険性をはらんでいます。

たとえば資金繰りのわずかなミスや不運によって会社が倒産したり、乗っ取られてしまったりというような例は日常茶飯事です。それがルールだといわれても、会社をそこまで育て上げた経営者の血のにじむような努力やノウハウといった、アナログ的な部分がすべて無視されてしまうのは、とうてい納得できるものではありません。

これが科学の世界であれば、ものごとをデジタル化してエビデンス（科学的根拠）を確立するのは、むしろ大切なことです。しかし現実の社会や生命体、環境などの問題は高集積で多重構造になっており、つねに変化するため、単純に数値に置き換えることはできません。それを無理にデジタル化して数値だけで判断しようとすれば、あちこちにほころびが出るのは自明で、それがいまの日本社会の姿だといえます。

デジタル的な競争社会をつきつめていくと、結果として得られるお金がすべてのジャッジの基準になるため、最終的にはきわめて個人主義的で利己的な考え方になり、法にふれなければ何をやってもいいというモラルの低下をまねきます。

するとどうなるかというと、人の不幸でメシを食う職業ばかりが増えていきます。ギャンブル店や風俗店、消費者金融などが大手を振って営業しているのはまさにその象徴で、お金が正義という風潮を増幅してしまいます。

別の見方をすると、年寄りから巻き上げようが公序良俗に反しようが平気になる。こうした職業が増えつづけるかぎり、正直者がホゾをかみ、損をするという構造は変わらないでしょう。

こうした拝金主義の元凶となっているのが、あしき民主主義選挙です。いまの選挙制度では政治と金は不可分であり、当落はすべて金次第というデジタル思考の極致ともいえる構造になっており、政官財の利権構造が鉄壁のごとくゆるぎないものとなっています。

おまけに候補者は世の中をよくするという大義名分のもとで実現もできない公約を掲げて、行き詰まると大量の債券を発行する。先送りされた問題が後世に多大なツケを残すことはいうまでもありません。

私はもうずいぶん前から、こんな選挙のやり方は変えるべきだと主張しています。国会議員なら二〇〇〇人、県会議員なら五〇〇人くらい推薦人を集めたら、だれでも立候補できるようにして、最後はくじ引きで当落を決める。これがいちばん公平なやり方です。

これなら選挙に出るための供託金も必要なければ、選挙結果に一部の企業や団体の利害ばかりが反映されることもありません。汚職や選挙違反とも無縁なので、検察もよぶんな仕事をする必要がなくなって選挙コストも大幅に削減できます。ＩＴの時代、大事なことについて全国民の意見を直接問うこともできます。

くじ引きなんてむちゃだと思うかもしれませんが、現行の選挙制度でも得票数が同じならくじ引きで当選人を決めるとなっていて、それが実行された例は何度もあります。選挙ではないものの、裁判員を決めるのだって最後はくじ引きです。

くじ引きというこのうえなく公平な選挙が実現すれば、本気で日本をよくしたいと考える人が立候補しやすくなり、天意に選ばれた人はそれこそ私利私欲を捨てて全力で国民を幸福にする政治に取り組んでくれるはずです。そのためには、すべての法律を時限立法的にして、いかなる法律でも五〜三〇年の間に自動的に消え、重要な部分だけが残るようなしくみにする必要もあります。

また国民に対しても、学校を卒業すると同時に一年以上ボランティアで公務に就くことを義務化するのです。これは若い人たちの社会訓練教育にもなりますし、公務員天国を根本から変えることにもつながります。

自己責任と社会貢献を原則とする社会づくり

あらゆるものごとの因果関係を明確にし、責任のありかを追及しないと気がすまないのもデジタル社会の特徴です。責任の所在を明確にするというのは、一見間違っていないように思えるかもしれませんが、個々の責任で対処すべき事項でさえ、表現の方法によってはいくらでも他者に責任を転嫁できるので、デジタル病にかかっている人は人生の大半を責任追及と責任逃れに使うことになります。

こうしたなりふりかまわずの責任追及体質が蔓延《まんえん》した結果、日本中の役所に無責任な前例主義の公務員が満ちあふれるようになってしまいました。国会や地方の大半の議会も常設の〝責任追及劇場〟となりはてていて、ちょっとでも口をすべらすと、やれ責任だ辞任だと無益な論争が始まり、本来の機能はほとんど麻痺《まひ》しています。

デジタル的価値観とアナログ的価値観が並存する社会は二重規範ではありますが、双方が社会的に正しく公平に評価されれば、混乱が起きることはありません。現在の悲劇は、人々の価値判断基準があまりにもデジタル的な方向へ偏りすぎた結果といえます。

この社会を変えるには、競争社会のよきところは残しつつ、責任は他者や社会にあるという考え方を改め、自己責任と社会貢献を原則として、自分の問題は自分で解決し、その結果が社会貢献につながる生き方にシフトしていかなければなりません。

幸いなことに、日本人の心にはアナログ的な価値観、すなわち数値化できない思いやりや親切、いたわり、希望、忍耐、他者のために労を惜しまないという利他的な精神が根強く残っています。私たちはそのことを、東日本大震災という未曾有の有事下で再確認しました。

今回の大震災で世界中の人々を驚嘆させ感動させたのは、被災地のどこへ行っても秩序正しく、弱者を優先して助け、お互いにいたわり合い、希望を失わず、前向きに生きる日本人の姿でした。どさくさにまぎれて暴利をむさぼったり略奪をはたらくような人はあまりおらず、日本中が総動員体制で被災地を支援しました。

このことからもわかるように、日本人の心には見返りを求めないボランティアの精神が根づいています。この共生の本質ともいうべき大和魂にＥＭが加われば、幸福度の高い国づくりが自然にできてしまうという確信があります。

何より必要なのは、〝生きる力〟をはぐくむ教育

デジタル的な価値観ばかりが重視される不均衡な現状をただし、利他の精神という良識にふたたび日の目を当てるためには、学校教育を根本的に変えていく必要があります。

日本の戦後教育は、国語も算数も社会も道徳もいっさいがっさいをデジタル化して点数をつけ、その結果で人間を評価するという愚行を犯しました。何の経験的な裏づけがなくても、教科書に記してあることを丸暗記して、とにかく一〇〇点が取れればいいと教え、

子どもたちもテストで一〇〇点を取ったら、すべて消化できたような気になってしまいました。

　けれどもテストで一〇〇点を取るということは、他人の知恵をそのままなぞっているにすぎません。他人がいったことをオウム返しさせるだけの教育が、社会の発展と健全度を守る創造力や独創性、使命感や責任感、正義をはぐくむはずがありません。

　それなのに、いまの社会はすべてデジタル的に序列が決まり、テストでいい点を取った人が上にいくというしくみになっており、みんな必死になって他人の知恵を暗記するのに懸命です。

　子どものころからそんなふうに教え込まれたら、生粋のデジタル人間ができあがるのは当然で、いずれは「あの人がこういっていたから」とか「あの学者の本に書いてあったから」とか、すべて他人の知恵まかせの無責任な大人となり、コストが高く効率が悪く活力のない社会を加速してしまいます。

　いまの日本に何よりも必要なのは、すべての人に生きる力をはぐくむ教育です。

　生きる力とは、第一に自分で食べるものを自分でつくれる力です。これができない者に生きる資格はありません。第二に病気にならないこと、つまりは予防医学的な生き方を実践する健康管理能力です。第三は身近な環境問題を解決する力です。自分の身の回りの環境に関心をもち、それを解決するために何をすべきかを考えて実行することができなければ、これからの未来を開いていくことはできません。第四に総合的な自己管理能力であり、最後に人間関係力、すなわち周囲の人と協調して生きていく力です。

これらの五つのベースに加え、学ぶことが好きであるという習慣を身につければ、どんな世界に放り込まれても自力で道を切り開き、社会の健全性を支える使命感と責任感と正義感をもって、社会の役に立つ人材として育つようになります。

生きる力をはぐくむためには、すべての場でEMを活用し、みんなで農業や環境浄化活動に取り組むことが、いちばんの近道だと考えています。自ら食の安全や身近な環境を守っているという実感が、学ぶ喜び、社会参加への意欲を育てるからです。

いまでは全国で五〇〇〇ほどの学校が何らかのかたちでEMを使い、環境教育やプールの清掃、河川の浄化活動などを行っています。なかにはかなり高いレベルで生きる力を教育している例もあり、その代表が栃木県足利《あしかが》市の葉鹿《はじか》小学校です。

葉鹿小学校では、二〇〇一年から「総合的な学習の時間」（総合学習）を使ってEMによる環境教育を行うようになり、ＥＭを活用した生ゴミの堆肥《たいひ》化や河川の水質浄化、廃油石けんづくり、プール清掃などさまざまなＥＭ活動を展開してきました。二〇〇三年には校内のクラブ活動として「葉鹿エコクラブ」が発足し、高学年の生徒は地元の幼稚園でＥＭ活動を指導するなど、地域の環境教育のリーダーとして活躍するようになりました。

その活動はしだいにＰＴＡや地域住民をも巻き込む大々的なものとなり、ついに二〇〇七年、葉鹿エコクラブは地域住民参加型の環境活動クラブに〝昇格〞を果たしました。現在も同クラブは学校と地域を結ぶボランティア教育をベースとして地域活性化に貢献し、子どもや保護者の環境意識を育てるうえでも大きな役割を果たしています。

ＥＭ活動は教育の場における創造力、独創性を育てる大きな力をもっています。葉鹿エコクラブの事例はまさにその力を証明するものであり、また学校が地域をまとめる情報発信源として機能しているという点でも、全国のお手本になる好例といえるでしょう。

さて、ここまで初等教育について述べてきましたが、学校教育の総仕上げである大学教育に関しても、当然ながらメスを入れる必要があります。

いまの大学教育にもっとも不足しているのは、社会に出て役立つ人材や、自発的にフロンティアを切り開ける人材を育てようという意識です。理科系の大学のなかには実践的な教育ができている例も多少はありますが、ほとんどの大学は明治時代からの延長のような教え方を続けており、効率が悪いままです。

たとえば月曜日の何時間目にこれを教えて、火曜日の何時間目はあれをやってというような一般的なカリキュラムでは、学生が土日に遊んだり、アルバイトに明け暮れたりして、勉強したことの大半を忘れてしまいます。だから大学時代に卒論など自分が一生懸命やったことは多少身についても、それ以外はすべてむだに近い状態になってしまうのです。

本当に学生の将来を思うなら、いまのような講義のやり方は全廃すべきです。たとえば語学を教えるなら、一か月なら一か月間、学生を缶詰めにして朝から晩まで徹底的に学ばせる。日本語はいっさい禁止にして夏休みも土日も全部取り上げたら、どんな学生だって確実にしゃべれるようになります。

健康管理や環境教育も情報処理もほかの専門分野も、全部この要領でやって、最後は担当教員といっしょにテーマを決めて卒業研究に取り組ませる。語学と情報処理と自己管理さえできるようになっていれば、いまの時代は情報はいくらでも集められる状況にあるため、専門分野に関しても文句なしの成果をあげることが可能です。

この方法なら、凡人でも天才に負けないくらいすばらしい人材になります。人間だれしもそのくらいの潜在力をもっているのです。したがって、大学は記憶力だけを試すような旧態依然とした方法から脱し、あらゆるものを創造的に応用するトレーニングに軸足を移すべきです。

競争社会から下りられるセーフティネットを

初等教育から延々と続く競争原理は、自殺者の増加、無縁社会、就職難といった数々の問題を生み出しています。

といっても、私は競争社会そのものを否定するつもりはありません。食や医療や環境のように、利益よりも安全安心を優先しなければならない分野は競争原理にさらすべきではありませんが、ＩＴや科学技術、産業、芸術などの分野では、むしろどんどん競争して経済を盛り上げていくべきだと考えています。

大切なのは、競争から下りたい人はいつでも下りられる、会社を辞めても安心して生きていけるようなセーフティネットを用意することです。

いまの日本にはこのセーフティネットがないから、みんながみんな競争社会から抜けられない。そのため必死になって競争するならまだしも、脱落や失敗を恐れてチャレンジをしなくなる若者が増えています。競争社会に属していながら存分に競争することもなく、保身のために疲弊している。それが衰退しはじめた日本社会の現実です。

いうまでもなく、失業者に金をばらまくような政策は、社会的マイナスを増やすばかりで、とてもセーフティネットと呼べるものではありません。では、どうすべきかというと、最良の方法は、すべての人々が楽しく、ともに協力しながら生きていける新しいシステムをつくることです。

ＥＭを使って農業を行えば、生きるために必要なすべてを学ぶことができます。自分が食べるものを自分でつくり、ＥＭを使うことで周囲の環境を浄化し、自分の健康も守る。ＥＭを使っていると自然と人の輪が広がり、人間関係もよくなっていく。

ＥＭ農業はまさに〝生きる力〟をはぐくむ教えそのものであり、これができれば身の回りの問題はあらかた解決します。

日本の農業は後継者も不足し、かなりの農地が荒れはてています。ＥＭ栽培の無農薬の農作物は国民の健康と環境と生物多様性を守り、立派な輸出商品ともなります。

すでに述べたようにタイで行われているようなEMのトレーニングセンターを各県につくり、短期間で効率のいい研修を行い、使わなくなった農地を公的な活用の場として生かすように法を整備すれば、五〇〇万人以上の職場をつくることも可能であり、自給率の向上と輸出の振興にも大きな力を発揮するようになります。

また、EM農業でリハビリした人が新たなる分野でチャレンジすれば、社会全体の資質も向上します。

EMがあれば素人一人でも無理なく農業を始めることができますが、より望ましいのは障がい者とともに取り組むことです。

第2章で紹介した沖縄県の「のぞみの里」をはじめ、EMを使って有機農業や生ゴミ処理を行っている授産施設は全国で一〇〇〇か所以上もあり、それでしっかりと利益を出しているところも少なくありません。こうした施設と連動したセーフティネットができれば、失業者の教育という面でも大きな力になります。

障がい者とともに生きるということは、健常者にとってこのうえない勉強となります。不謹慎に聞こえるかもしれませんが、最初のうちは障がい者を見て「自分は五体満足に生まれてきてよかった」と感謝するだけでもいいのです。

先天的な障がいの大半は、人類が自分たちの遺伝子を守るために不適格な遺伝子を集約した結果生じるもので、だれがなってもおかしくないという背景もあります。ダウン症が第一子に多いのは、二番目、三番目の子を守るために第一子がその負荷をみんな引き受けてしまうからです。これは本人の意思ではありません。

それなのにデジタル的な世界では、障がいはただのマイナスと認識され、いかにがんばっても努力に見合う評価を受けることはほとんどありません。障がい者の大半が健常者の負荷を引き受けてくれていることを理解すれば、健常者は障がい者に手を合わせ、その労に報いる義務があります。

そのように考えると、障がい者は、ただそこにいてくれるだけで健常者を教育することができる尊い存在です。競争社会からドロップアウトしたり、多くの挫折《ざせつ》を重ね、もう自殺するしかないなんて考えている健常者に対しては、どんな励ましや説教がましいことをいうよりも、重いハンディキャップにもめげずに生きる努力している障がい者に接してもらうようにすれば、自然に立ち直らせることができるものです。

岩手県一関《いちのせき》の「ブナの木園」は、障がい者施設を中心に家族や関係者が大きなファミリー企業のように機能し、市の農業振興の大きな力となりはじめています。ＥＭをフルに活用しているこの新しいチャレンジは、だれもが幸せになる社会のモデル事業として注目されています。

ＥＭを使うことそれ自体が社会貢献になる

幸福度の高い社会をつくるための第一歩は、個々が自己責任と社会貢献とボランティアというＥＭの基本精神にのっとって、ＥＭを空気や水のごとく使うことです。

ここでいう社会貢献とは、何もボランティアなどの特別な活動だけをさすのではありません。たとえばＥＭで栽培された無農薬の農作物を積極的に食べるなどのＥＭ生活を行って健康を維持すれば、医療費という名の税金をむだ遣いしないため、それだけでも立派な社会貢献といえます。

あるいは身の回りのものにＥＭ処理をほどこせば、長く機能的に使えるから、資源を大切にしてゴミを減らすことにつながります。

掃除や洗濯にＥＭを使えば、省エネはもとより生活排水がそのまま環境を浄化して、自然生態系を豊かにするという結果を生みます。

つまり、EMを日常的に使っていれば、意識せずとも何らかのかたちで毎日、社会や環境に貢献することになるのです。

そこからさらに踏み込んで本格的にボランティア活動を始める人もたくさんいます。現在、EMを活用した海や河川の浄化活動、環境教育活動、緑化活動などに取り組んでいる人は、日本だけでも約三〇万人に上ります。

これらのEMボランティアに参加している人が口をそろえていうのは、地域ぐるみでEMを使いはじめると、不思議なくらいみんなが仲よくなって、地域全体が一つの大家族のようになっていくということです。

たとえば熊本県熊本市の河内地区（旧河内町）では、もう二〇年くらい前から学校や農協、漁協などが一致団結して、EMで河川の浄化などのボランティア活動に取り組んでいます。そのため、町中みんなが親戚《しんせき》や友だちや家族のようになっている。だから県内のどこかでEMの講演会があるとなれば大型バスを手配して団体で出かけていくし、彼らがEMで浄化した川のホタルは熊本の名所にもなりました。

これにより地域外の人々との交流も密になり、あらゆる行事に楽しく積極的に参加し、この町に生まれたことを誇りに思っています。長年ＥＭ活動を行い、時間を味方につけて地域の資質をはぐくんできた成果といえます。

そもそも「自分の責任で社会をよくしたい」というのは、だれもが心のどこかにもっている願いだと思います。

けれども、これを実行するのは勇気がいります。一人でコツコツがんばってもなかなか成果があがらず、むなしさばかりがつのることもあるでしょう。川をきれいにしようと思ってせっせとゴミ拾いをしていても、また次にだれかがゴミを捨てていく。そんなことが繰り返されたら、ゆるせないという気持ちになって、最後はくたびれはててしまいます。

ＥＭボランティアはそこが違うのです。たとえば、ゴミ拾いのついでにちょっとＥＭをまくだけでもいい。続けていれば必ず、悪臭が消えたり、水がきれいになったという変化を実感でき、環境がきれいになるとゴミを捨てる人もいなくなるので、自分が社会の役に立っているという実感が生まれてきます。

ＥＭというツールをもっていれば、この川は汚いからみんなできれいで生態系の豊かな川にしようという発想もできる。自分一人でやってもすごいけど、みんなでやればもっとすごい、もっと楽しい、というのがＥＭボランティアなのです。

仙人業をめざすのが高齢者の生き方

ＥＭボランティアには老若男女を問わず幅広い世代の人が集まっていますが、私がとくに期待しているのは高齢者の参画です。というのも、私は高齢者の義務ということについてかなり厳しい意見をもっているのです。

本来、豊富な人生経験を積みさまざまな知恵をつけた人間は、第一線を退いたあとは、その知恵と経験を世のため人のために役立てなければなりません。時間はたっぷりありますので、若いころにはできなかったような社会貢献活動をして、最後は「私も社会や世の中のお役に立てた」という悟りの境地で、安心してあの世に行ってほしいのです。

ところが現実の高齢者の多くは、現役引退後も世の中に恩返しをすることなく自らの義務を忘れ、認知症やさまざまな病気で社会に大きな負荷を負わせています。それだけならまだしも、病気になって高額治療を受けて膨大な医療費を使い、介護を受けて社会の富を枯渇させ、結果的に次の世代に大きな負担をかける状況になっています。

いま、この構造の改革に本気で取り組む時期にきています。病気になるのはしかたがないと思うかもしれませんが、病気のほとんどは自己責任であるという認識を徹底すべきです。病気にならないための努力もせずに医療費を浪費するだけでは、社会のお荷物になってしまいます。

そういう人生を、私は〝食い逃げの人生〞だと思っています。年をとっても自分のことばかり考えて、一分一秒でも長く生きたいという執着心から高額医療で税金を使ったり、長期の介護を受けたりして、世の中に恩返しをすることなくこの世に別れを告げる人生は、みじめなものです。こういう生き方をする人が増えると社会全体がさもしくなってしまいます。

ではどうすればいいかというと、高齢者は仙人業をめざすべきなのです。

仙人というのは、まず無欲で健康長寿の技を心得、そして問題が起きたとき相談すれば何でも解決してくれるような知恵をもった存在です。仙人になるには特別な修行をしなくとも、若いうちからEM生活を送り、EMに関する情報を蓄積していけばいい。

そうすれば健康長寿はもちろんのこと、EMについての豊富な知識が培われるし、EM活動を通して地域とのつながりもできるので、定年退職後にどこで何をしようと思いわずらうことはなくなり、自分の人生を世の中のために使うことができます。

私はＥＭ仲間とよく冗談で、高齢者の孤独は「きょうよう」と「きょういく」の欠如からくるといっています。これは教養、教育であると同時に「今日用」「今日行く」、つまりその日にやるべき用事、行くべきところがあるということです。

ＥＭボランティアをやっていれば「きょうよう」「きょういく」がなくて困ることはまずありません。先ほど例にあげた熊本市河内地区のみなさんはまさにその好例といえます。

仙人になった高齢者は、社会のお荷物どころか貴重な戦力です。だから役所の業務のなかでも単純に対応できる仕事はすべてボランティアの高齢者にまかせて、若い人材を最先端分野にどんどんつぎ込めるような社会にすべきだというのが、私の考えです。

また、仙人となった高齢者はＥＭボランティアで社会に貢献する一方で、自分自身も神様に近づく努力をしなければなりません。神様の高みをめざすのに最高の手段は、自然に即した芸術と農業です。どちらも時間はかかりますが、人間を大きく鍛え、しかも飽くことがありません。芸術と農業にいそしんでいれば毎日がクリエイティブで、老後の「きょういく」「きょうよう」はますます充実していくことになります。

人生の望ましい幕を閉じるのはあの世へ行くための礼儀であり、義務であると考える社会になれば、社会の幸福度は必然的に高くなります。これはＥＭさえあれば何も難しい問題ではありません。

私はいつも「高齢者はＧＮＰがいい」、つまり元気（Ｇ）に長生き（Ｎ）し、世の中の役に立ってポックリ（Ｐ）死ぬのが理想的だといっていますが、実際にＥＭ仲間はみんな八〇、九〇まで元気で社会の役に立ち、だれにも迷惑をかけずにある日ポックリ亡くなる人ばかりです。

ＥＭを社会のシステムに組み込む時期にきている

ＥＭは、誕生してから三〇年の間つねに善意のボランティアに支えられて発展してきました。ボランティアはＥＭが掲げる自己責任と社会貢献を実践するための基本であるだけではなく、相手の立場に即して問題を解決するといったデジタル社会では培いがたい美点を育て、関与する人々の資質の向上に役立ってきました。

今後もボランティアがＥＭ運動の根幹を支えていくことは間違いありませんが、ＥＭがここまで幅広く発展してきたいま、ボランティアだけでは限界に達しているのも事実です。

ＥＭを社会のシステムのベースに組み込み、社会全体をＥＭ化することは、ＥＭを開発した当初からの目標です。しかし当時はまだ国や自治体の理解が浅く、ＥＭは非科学的だというバッシングの影響もあって、公的機関は私の主張に耳をかそうとはしませんでした。けれども世界各地でＥＭの絶大な効果が確認されるにつれて状況は変わり、いまでは国や地方の議員のなかにも、ＥＭの理解者がかなりの数になってきました。ＥＭが効く、効かないといった議論はとうに終わり、ＥＭをいかに社会のシステムに組み込むかを本気で考える段階にきているのです。

ＥＭはすでに農業や環境、建築、エネルギー、災害対策と幅広い分野で使われていますが、それは既存の技術をＥＭで補助しようという、いわばサプリメントのような使われ方であるケースがほとんどです。このように従来の技術のなかでうまくＥＭを使おうという発想では、ＥＭの真価を十分に発揮することはできません。

たとえば河川の浄化のためにＥＭだんごを投入するのは環境教育という意味では大いに意味がありますが、国や自治体が音頭をとってすべての水田にＥＭを使わせ、上流からふんだんにＥＭが流れるようにしたり、下水処理をすべてＥＭ化すれば、水質汚染問題などあっという間に解決し、水産振興の決定打となります。

したがって、すべての分野で空気や水のごとくEMを徹底して使うように、国が法的強制力をもって義務化すれば、EMによる幸福度の高い国づくりは即完成となるのです。

未来へのモデルとなる自治体でのEM活用

最近はEMを行政に取り入れることを公約して当選する首長が増えていますが、参考になる例を二件ご紹介します。まずは、EMバッシングの最盛期に「背に腹は変えられない」として行政と住民が協力してEMを活用し、窮地にあった村財政を立て直し、地域を活性化させた福井県の旧宮崎村（現越前町）の事例です。

EMを導入する以前、旧宮崎村は人口わずか六〇〇〇人にして九〇億円もの村債を抱え、一人あたりの医療費も福井県でダントツ、村の財政は破綻《はたん》状態に陥り、職員の給与の支払いも銀行に特別な保証を約束して急場をしのぐというありさまでした。一九九五年ころのことです。

ところが、それからわずか八年後、旧宮崎村は福井県でもっとも医療費が低い自治体になり、村債も限りなくゼロに近づき、人口も増え、農業は活性化し、小中学校の学力やスポーツ競技でも県内トップレベルになりました。「宮崎村の奇跡」ともいわれるこの大変《へん》貌《ぼう》を支えたのがＥＭです。

事の始まりは旧宮崎村の集落排水処理施設（下水道処理場）が老朽化し、村の中央部にまで悪臭が漂うようになって「これでは食事もできない」と苦情が殺到したことです。業者に見積もりを出させると修繕費用は一億円以上、財政余力のまったくない旧宮崎村には捻出《ねんしゅつ》できるはずもない額で、本当に困りはててしまいました。

しかたがなく村はＥＭ関係者のアドバイスを受け入れ、ＥＭを大量に培養して下水処理場に投入しました。すると約一週間で臭気はぱったりと消え、住民からの苦情もゼロになった。これで村民や役場のＥＭに対する評価は一変しました。

下水処理の難題を解決した役場は、ＥＭプロジェクト推進チームを立ち上げ、生ゴミのリサイクルや下水汚泥の有機肥料化、ＥＭ野菜の学校給食への活用、有機ＪＡＳ認証の取得、米のとぎ汁発酵液の家庭での活用、農業畜産へのＥＭの応用、学校のプールやトイレ、教室の清掃へのＥＭ活用、河川浄化など、あらゆる場面にＥＭの応用を広げたのです。

結果として生ゴミや下水汚泥の処理費はいちじるしく減少し、年間数千万円の余力が生まれました。おまけにＥＭ野菜の直売場は土日限定にもかかわらず月に一〇〇〇万円前後の売り上げを記録、いつしか病院にかかる人も激減し、気がついてみると一人あたりの医療費は福井県でもっとも少ない村になっていたのです。

この実績は合併した現在の越前町にも引き継がれています。まだ町全体に徹底するには時間がかかりそうですが、財政危機に直面している地方の自治体にとっては参考になる事例といえます。

次に、本当に困ってしまった旧宮崎村とはまったく逆の、宮崎県綾町《あや》の事例を紹介します。町づくりや地域活性化に取り組んでいる人々に綾町というと、「ああ、あの宮崎県の」という言葉が必ず返ってくるくらい、町づくりに関しては日本の頂点を極めている自治体です。

綾町では、町の人々に「自分の町をよりよくするのは住民の責務である」という社会的なDNAが定着しており、住民と行政は強固な協力関係で結ばれています。その秘密は、小さな公民館の行事から大きな町の行事まで、そのスタートで必ず町民憲章を斉唱することに始まります。

これにより住民は町のめざす方向をつねに意識するため、自然とそれに即した行動規範が育ち、住民の資質が向上するしくみになっているのです。だから稜町の人々は、ほかの市町村で何かいい事例があると積極的に取り入れ、稜町スタイルに消化して定着させることが非常に得意です。

宮崎県にEMが普及しはじめたころ、EMの効果や万能性に注目した稜町の女性部のリーダー数名が、全国的なEMの行事に繰り返し参加し、自らEMを使い、その効果を確かめました。その後は稜町のDNAに従ってモデルをつくり、研修会を徹底し、気がついてみると住民が当たり前のようにEMを使えるようになっていました。

もともと稜町は下肥も腐熟させて使う有機農業の町として全国に名をはせていましたが、かつては臭いがひどく、外部から視察研究に来た人を辟易《へきえき》させていました。ところがEMを使いはじめたことで、その問題もいつの間にか解決してしまいました。

行政もこの実績にこたえ、こぎれいなEM工房をつくってくれました。女性部はここを拠点としてEM廃油石けんやEMボカシ、EM活性液などをつくるようになり、さらに河川の浄化や、生ゴミリサイクルによる家庭菜園や有機農業および畜産へと活用の場を広げ、いまでは町民全体の「EMの生活化」に取り組んでいます。

その結果、稜町の有機農作物は質量ともに従来の限界を突破し、町全体の潜在力や町民の資質はさらに高まりました。こうした活動を支えているのは「ＥＭがあれば町の困った問題を自力で解決できる」という自信と、「ＥＭを生活化すれば、稜町は健康で住みやすい〝よりよい町〟になる」という確信です。

この体制は二〇一〇年に宮崎県で発生した口蹄疫《こうていえき》や鳥インフルエンザの場合もいかんなく発揮され、いつの間にか稜町は、宮崎県はもとより全国をリードするＥＭモデルタウンになりはじめています。

震災後の日本の町づくり、国づくりへの提言

ＥＭがめざす幸福度の高い社会の具体像として、東日本大震災の被災地の復興プランを提言します。以下は東北沿岸部の被災地を想定して描いた青写真ですが、個々の案は災害に強い町づくりをめざす、すべての自治体に応用できるものであり、拡大的に考えれば国づくりの指針ともなるものです。

まずハード面に関しては、国や地方自治体の方針でＥＭを導入すれば、かなりのレベルの防災対策が可能になります。ＥＭを活用した場所にはすべからくシントロピー（蘇生《そせい》化

現象）の法則が作用するため、公共建築物をＥＭ技術で建設・管理すれば耐震性や耐用年数は大幅に延び、健康や環境を積極的に守る機能性をもたせることも容易です。

道路工事も同様で、ＥＭ技術を活用すれば現在のように四～五年に一回アスファルトを張り替える必要はなく、メンテナンス次第では二〇～三〇年の耐久性を実現することができます。このように町中の道路や建築物をＥＭ化しておけば、ある程度の災害にはびくともしない防災都市になります。

とはいえ東日本大震災の大津波が世界屈指の巨大堤防をやすやすと乗り越えていったことを思えば、一〇〇〇年に一度の大災害に備えるには、従来のようにハード面だけに頼った防災対策では限界があります。

また、今回の東日本大震災では多くの高齢者が犠牲となりましたが、これはハード面云々《うんぬん》というよりも、ひとり暮らしのお年寄りが増加し、情報不足や身体的な事情によって逃げ遅れたという社会的背景によるものです。こうした犠牲を減らすには、地域社会全体が大きな家族のように助け合って生きていけるような、社会のしくみを構築する必要があります。

たとえば被災地の大半を国が買い上げて一〇～一五階建ての総合的な建物をつくり、これを一つのムラとして機能させるのもいいでしょう。建物の上層部は住宅と緊急避難用に使えるようにして、下層部は商業スペース（スーパーマーケット、銀行、病院、役所の出先など）とする。間取りは将来ひとり暮らしの高齢者が増えることを想定して大小の機能的な組み合わせで設計し、独身者でも気軽に入居できるよう工夫する。そのうえで、同じ建物に住む人々が大家族的にいたわり合いながら楽しく生きられるような、さまざまなノウハウを実行し、それぞれの資質の向上を図るようにするのです。

建物に超長寿命のＥＭコンクリートを使って強度をもたせるのはもちろんのこと、屋上には風力発電、壁面には太陽電池を設置し、ガスも建物ごとのユニット方式にします。ほかにもさまざまな蓄電システムを充実させ、夜間電力や余分な電力をスマートグリッド方式でフルに活用する。ここにもＥＭ技術を応用すれば、建物全体の冷暖房費は三〇％ほど節約でき、各種の電気抵抗も三〇％は減らすことができます。

水については、屋上にためた雨水は飲用に、下水は中水としてすべてＥＭで浄化して再利用します。生ゴミをはじめとする廃棄物もすべてＥＭを使った機能性の高いリサイクルシステムで処理すれば、ゴミ焼却場も下水処理場も不要となります。

このような施設、設備をつくっておけば、今後大災害が発生し一～二階が被災したとしても、ライフラインが失われることはありません。しかもＥＭ住宅に住み、ＥＭにまみれて生活しているといつの間にか健康になるため、医療費はいまの一〇分の一以下になるはずです。

空いた土地は、地域全体が生態系豊かな公園機能を果たすように設計し、林や森に囲まれた高度な施設園芸団地、工業団地、陸上水産養殖場、ＥＭ菜園などを配置し、地産地消を原則とした自給自足的な食糧生産システムも構築する。状況によっては畜産と連動した循環型の本格的な有機農業を推進し、生態系を豊かにして生物の多様性を守るようにする。

そうすれば、結果としてレベルの高い水産振興に直結します。また、地域の要所要所に、日常の活動にも緊急避難用にも使える公共施設をつくり、住居の建物と同じようにライフラインを自前で完全に守れるシステムを構築します。

こうした居住地とすべての関連産業がリンクできるようにすれば、雇用の創出は比較的容易です。もちろん高齢者には積極的にボランティアに努め、社会の中で重要な役割を果たしてもらう必要があります。

当然ながら町づくりの費用は国が全額負担します。それで食料やエネルギーを自給自足でき、さまざまな場所でボランティアが活躍し、医療費もほとんどかからない低コスト体質のコミュニティができるなら安いもので、住民が暮らす建物も利用税的な家賃で十分に維持することが可能です。しかもＥＭは時間の経過とともにどんどん機能性が高まっていくので、いつまでも美しく低コストで住みよい町にすることができます。

このような町が日本中に誕生すれば、医療費は一〇分の一以下、高齢者は重要な国家の人材資源として大切に尊敬され、多収・高品質で無農薬・無化学肥料の農作物は巨大な輸出産業になり、美しく蘇生化した環境は世界の聖地に早変わりして一大観光地となるため、予算は必要最小限ですみ、膨大な国債もラクラクと返すことができます。

夢物語のようだと思われるかもしれませんが、このユートピアを実現するためのＥＭ技術はすべて完成し、効果も実証されています。あとはＥＭを水や空気のごとく使うシステムを、国や自治体の主導で義務化するだけでいいのです。

もしもこのような試みが今回の被災地のどこかに完成すれば、高齢化や過疎に悩むさまざまな地域の問題解決の手本となり、日本の未来像を確たるものにしてくれます。

付 章

簡単・便利！ EMエコ生活

●まずはEMの増やし方をマスターする

本書では繰り返し、日常の中でEMを水や空気のごとく使う「EM生活」の必要性を説いてきました。ここではその実践例をいくつかご紹介します。

「EM一号」として売られているEMの原液は、そのまま使うこともできますが、自分で培養して五〇～一〇〇倍程度に増やして使うこともできます。培養に自信がない方のために水で薄めるだけで使えるタイプの製品も売られていますが、EM一号を増やして使ったほうがはるかに経済的で、コストを気にせず気軽に使うことができ、環境の浄化や保全により大きな力を発揮します。

EMを培養する方法はいろいろありますが、ここでは一般家庭でよく用いられている方法をご紹介します。

用意するのはEM一号、糖蜜《とうみつ》（なければ黒糖、もしくは砂糖＋天然塩でも代用可）、米のとぎ汁、空のペットボトル（二リットル）です。

まず、ペットボトルに半分ほど新鮮な米のとぎ汁を入れ、糖蜜を四〇CC（全体の二

％）加えてよく溶かします。糖蜜が溶けたらＥＭ一号を四〇ＣＣ入れてよく混ぜます。最後にふたたび米のとぎ汁をペットボトルの肩の位置まで加え、しっかり密封して暖かい場所に置いておきます。

できれば直射日光の当たる場所、または明るい場所に置くと、光合成細菌がより活性化します。ガスが発生して容器が膨らんだ場合は一～二秒ガス抜きを繰り返します。夏場は一週間、冬場は一〇日～二週間ほどで、色が茶褐色になり、臭いは鼻をつくような異臭がなく、ＥＭ原液に近い香りになったら完成のサインです。

要領がわかり、うまくつくれるようになったら原液の量を二〇ＣＣに減らしてもかまいません。

こうして培養したものを「ＥＭ発酵液」、米のとぎ汁を使わず糖蜜のみで培養したものを「ＥＭ活性液」と呼びますが、基本的な効果は変わりません。

掃除や洗濯に使う場合はこれらの液をさらに水で一〇～五〇〇倍に薄めて使うため、コストはほとんどかからないといってよく、だからこそＥＭは水や空気のごとくじゃんじゃん使うことができるのです。

なお各種のＥＭ資材は全国のＥＭショップやホームセンター、インターネットなどで販

EM発酵液のつくり方

①しっかりフタをして
暖かい場所に置きます。
※20〜40℃で保温する
と早く発酵します。

②2〜3日後、ガスが
発生してきたらフタ
をゆるめてガスを
抜いてください。

③夏場は1週間、冬場は
10日〜2週間程度で
完成します。EM・1と
似た甘酸っぱい発酵
臭がすると完成です。

売しているほか、市町村によってはEM活性液やEMボカシを無料配布しているところもあります。

私が勤める名桜大学では、沖縄の北部地域住民のために良質のEM活性液を月々二〇〜三〇トン無料で配布し、五〇〜一〇〇倍に増やして使うように指導しています。

家中あらゆる場所の掃除、洗濯に使う

EMは人間や環境にやさしい善玉菌の集まりなので、家中のどんな場所にも安心して使うことができます。

カーペットや畳、ガラス、床、カーテンの掃除に使う場合は、EM発酵液を一〇〇倍に希釈して、スプレーボトルなどに入れて使いましょう。部屋中がすがすがしい空気になり、いやな臭いが消え、ダニの発生も抑えてくれます。

ガラスのふき掃除は二度ぶきがいらず、フローリングの汚れもきれいに落ちます。ほかにも布団やベッドの防臭、和室の障子のホコリ除去、黄ばみ防止などにも効果があり、室内のあらゆる場所にEMを使えばハウスダスト対策にもつながります。

電子レンジや流し、換気扇などキッチンの掃除に使う際は、少し濃いめの五〇～一〇〇倍希釈の液を、汚れた部分にシュッとひと噴きします。まな板や食器、レンジなど汚れが落ちにくい場所にも効果的で、使いつづけるうちに排水溝からのいやな臭いもなくなり、キッチンをピカピカに保つことができます。

油汚れのない食器は、スポンジやアクリルタワシにEM活性液を薄めずに含ませ、ふき取る要領で洗うと、水量は半分以下ですみます。

トイレ掃除に一〇〇倍希釈液を使うと、その場で汚れがきれいに落ちるだけでなく、その後も便器に汚れがつきにくくなり不快な臭いも消えていきます。また、EM活性液を薄めずに五〇CCほど直接便器に流せば、配水管の中まで掃除してくれます。油汚れの場合は、市販の台所用EMシャボン玉石けんを使うか、二〇～三〇分ぐらいつけておくときれいに洗うことができます。

洗濯に使うときは、洗濯機に入れる洗剤の量を半分に減らして、EM活性液の原液を一五〇～三〇〇CCほど投入します。汚れがよく落ちてふかふかに仕上がるだけでなく、合成洗剤の使用量が減って環境にも好影響を及ぼします。

ワイシャツの襟などについたしつこい汚れを落としたいときは、ひと晩つけおきすると

家庭のあらゆる場所で使えるEM

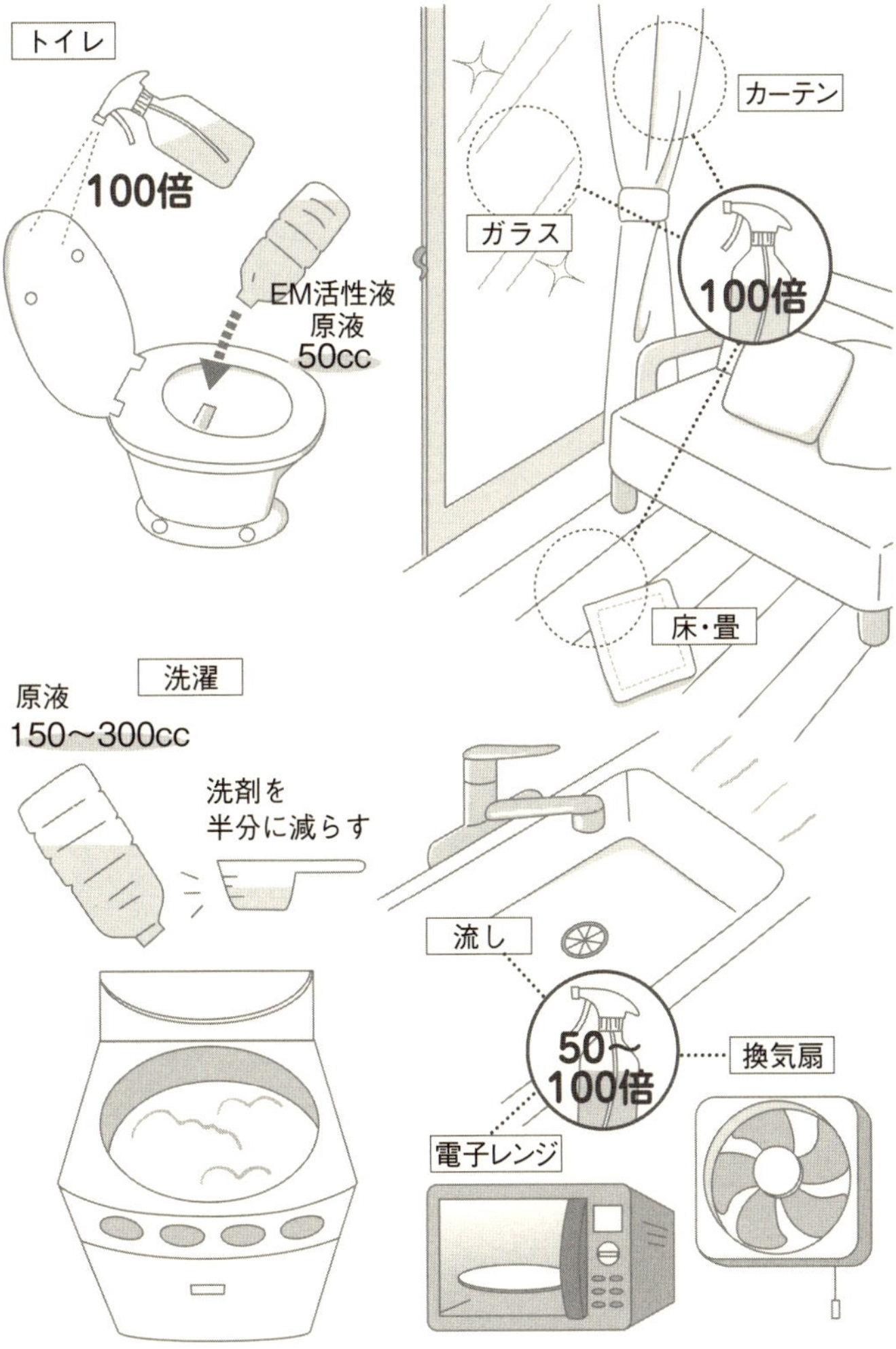

さらに効果的です。風呂や洗濯の残り水を散水に使えば、草花や樹木も生き生きとしてきます。

最近ではペットの衛生対策、生活環境改善にＥＭを使う人も増えています。ペットのトイレや寝床にシュッとひと噴きするだけでダニや悪臭の発生が抑えられ、また環境がクリーンになることでペットのストレス解消にもつながります。

●手づくりのＥＭ石けんで、さらに環境にやさしい

毎日の掃除、洗濯にＥＭ活性液を使うだけでも健康や環境によい影響をもたらしますが、理想は合成洗剤などをいっさい使わないようにすることです。市販の合成洗剤に含まれる界面活性剤や蛍光増白剤は分解されにくく、人体や環境への影響が懸念されるばかりか、水系の生態系を破壊し、川や海を砂漠化し、生物の多様性を貧弱なものにしてしまうからです。

合成洗剤との併用ではなくＥＭ一本でがんばりたいという方には、ＥＭ石けんがおすすめです。ＥＭ石けんなら流した先でも自然界の微生物を元気にするので、使うだけで環境

浄化に貢献できます。

ＥＭ石けんはＥＭシャボン玉石けんのように商品として売られているほか、福祉施設などで手づくりしたものを販売しているケースもあります。また、廃油を使って手軽に自作することもでき、その方法はＥＭ生活社のホームページで詳しく紹介されています。

ＥＭ生まれの農作物や畜産物を食卓に取り入れる

ＥＭを使って自然農法で栽培された農作物や、ＥＭ飼料を食べて育った家畜の畜産物は、化学物質の汚染がなく、抗酸化力や酵素活性が高く安全で安心です。こうした食品を積極的に取り入れることは、医食同源の実践につながります。

ＥＭ米、ＥＭ茶、ＥＭ卵、ＥＭ豚というようなＥＭブランド食品は沖縄を中心に全国に流通しており、一部はインターネットでも販売されています。

また、有機栽培ではないふつうの農作物でも、一〇〇倍に薄めたＥＭ活性液でていねいに洗浄すれば、表面の化学物質や放射性物質はほぼ一〇〇％近く除去することが可能であり、鮮度が向上するという余得もあります。

ＥＭセラミックスで節電&電磁波対策

家庭のブレーカーをはじめ、エアコン、冷蔵庫、テレビ、携帯電話などにＥＭセラミックスを使うと、節電と電磁波対策のダブル効果が期待できます。

ＥＭセラミックスは、用途に応じてプレート状、筒状、粉末状、シール状などさまざまなタイプが出ているので、各家庭の事情に合わせて使ってください。

理想的なのはＥＭセラミックスパウダーを一～三％混ぜたペンキでエアコンの室内外機や冷蔵庫の内側などを塗装することですが、難しい場合はブレーカーや家電製品のまわりにＥＭセラミックス（プレート状のものまたはパウダーを袋に入れたもの）を置いておくだけでも効果があります。

コンセントや電気スタンドからもつねに強い電磁波が出ているので、そこにもＥＭセラミックスを置いたり、五〇〇ＣＣのペットボトルにＥＭ活性液と小さじ一杯程度のＥＭセラミックスパウダーを入れて密封したものを立てておくと、マイナスイオンが増大し電磁波対策も完璧《かんぺき》に行うことができます。

もっとも身近な家電である携帯電話には、裏側にEMセラミックスのシールを張るのがおすすめです。

また、毎日の掃除の際にはパソコン、テレビ、冷蔵庫などに五〇〜一〇〇倍希釈のEM活性液をスプレーし、すり込むようにからぶきします。すると時間の経過とともに機能性が向上し、二〇〜三〇％の省エネ効果があるほか、耐用年数を二倍以上にすることも可能で、電磁波対策にも有効です。

また、ボイラーなどに活用すると、サビ防止のほかに、二〇〜三〇％の燃費節約になっている例も多く、天ぷら油の中に入れると油の酸化を防ぐため、新しい油に変える必要がなく、減ったぶんだけ注ぎ足す方法も一般化しはじめています。

家庭菜園や園芸、生ゴミ処理にEMボカシを使う

EMボカシとは、有機物をEMで発酵させEMの密度をいちじるしく高めたもので、生ゴミ処理や畜産に使うものを「EMボカシI型」、農業・園芸用のものを「EMボカシII型」と呼んでいます。どちらもプロの農家から小規模な家庭菜園、一般家庭のガーデニン

EMボカシによる生ゴミ処理

生ゴミ処理バケツの底に、新聞紙を敷き、EMボカシを底が見えなくなるまでたっぷりとまきます。

生ゴミ処理バケツに細かく切った生ゴミを入れ、EMボカシをたっぷりとふりかけます。
その後、生ゴミとEMボカシをしゃもじなどでよく混ぜ合わせます。

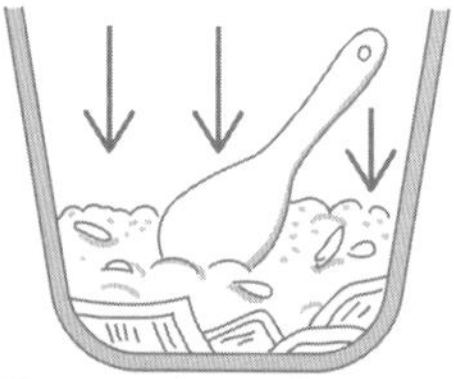

表面にEMボカシを薄くふりかけ、上からギュッと押さえたら、フタを閉めて密封してください。

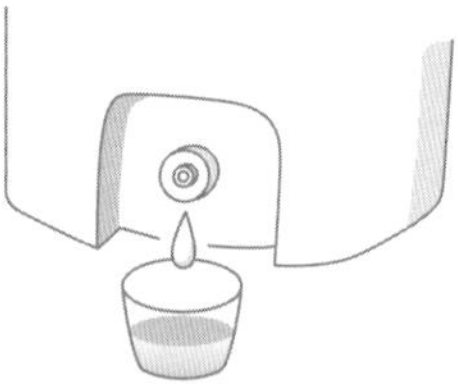

底にたまった発酵液は、こまめに抜き出します。
※発酵液は500～1000倍に希釈して早めに液肥として使いましょう。

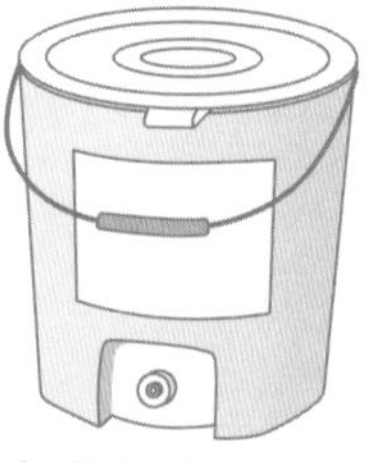

生ゴミ処理バケツがほぼいっぱいになったらフタをして密封し、直射日光の当たらない場所で、1週間程度発酵させます。

ぬか漬けのような発酵臭がすれば成功です。表面に生える白いカビはよい菌ですので問題ありません。

グまで幅広く活用されています。

大まかに説明すると、ＥＭボカシⅠ型はＥＭとＥＭセラミックスパウダーに米ぬかのみ、または米ぬかを中心にもみがらやオガクズなどを混ぜて発酵させたもので、Ⅱ型はこれにアブラカスと魚粉を加えたものです。具体的な作成手順や分量についてはホームページやパンフレットで詳しく紹介しています。

ＥＭボカシⅠ型を生ゴミ処理に使うときは、生ゴミを調理するような感覚でやや細く切って、新鮮なうちにボカシを振りかけてまぶすようによく混ぜ、生ゴミ専用の密閉容器で一週間発酵させます。スイカなど水気の多いものを入れた場合は、底にたまった液をできれば毎日抜き取り、五〇～一〇〇倍に薄めて液肥として使います。これで毎日の生ゴミが良質な有機肥料に変身し、資源として再利用できるようになります。

また、畜産農家ではⅠ型を家畜のエサに一～二％ほど混入して使っていますが、一般家庭であればペットのエサに同じレベルで混ぜてみるのもおすすめです（エサに混ぜる際はもみがらのないタイプを使用します）。

ＥＭボカシⅡ型は畑や庭の土づくり、追肥に使います。化学物質をまったく含まない天然素材だけを発酵させているため安全安心なのはもちろん、土中の善玉菌を増やし微生物環境を改善する力があるので、病害虫に強く品質のよいおいしい野菜や、きれいで大きく長持ちする花々を咲かせてくれます。

EMだんごをつくって身近な環境を浄化する

地域のボランティア活動や環境教育に携わっている、あるいはこれからチャレンジしたいと考えている方にはEMだんごがおすすめです。EMだんごとは、EMとボカシまたは米ぬかと土をねり混ぜてつくるだんごで、各地の環境浄化イベントや学校での環境学習などで広く活用されています。

ヘドロがたまった池、湖、川、海などにEMだんごを投入すると、だんごの中のEMが少しずつヘドロを分解し、水がきれいになって生態系が甦《よみがえ》ります。EMだんごの中は繊維状の菌糸が縦横に張りめぐり、水分の蒸発とともに強く固まるので、水中に投入してもかんたんには壊れず安定して浄化作用を発揮するのです。

みんなでEMだんごをつくったり、EMだんごを河川に投げ込んだりするイベントは小さな子どもにとっても楽しい経験であり、絶好の環境教育となります。

つくり方はとてもかんたんで、一〇〇個分の分量でいうとEM活性液四～五リットル、もみがらの入っていないEMボカシ〇・七～一キログラム、粉状のEMセラミックス一つかみ（全体量の〇・一～一％）、土一四キログラムを混ぜてだんごにするだけです。

これを風通しのいい場所で十分に乾燥させると、硬くて重い理想的なEMだんごができあがります。

自宅を〝健康住宅〟にする新築・リフォームの方法

EM資材を使って新築・リフォームした建物は、健康面でも精神面でも気持ちのいい〝健康住宅〟になります。EM建築は第3章で紹介したような大型施設のみならず、一般の住宅やビルにも広く応用されており、EM建築を専門的に手がける建築事務所や工務店も増えはじめ、多くの業者が顧客の要望に応じるようになっています。

実際の施工にあたっては専門家のアドバイスを受けることをおすすめしますが、身近にEMに詳しい専門家がいない場合に備えて、以下にコンクリートへの活用法とVOC（揮発性有機化合物）対策を簡単に説明しておきます（詳細はEM研究機構のホームページでも公開)。

コンクリートに使う場合は、一般的なコンクリートの単位水量一五〇～一六〇リットル／立方メートルに対しＥＭ一号の原液、または良質の活性液の上ずみ液を五％添加、ＥＭセラミックスをコンクリートのセメント量に対して重量比で五〇〇分の一の割合で添加・混合します。これで強度は五～一〇％向上し、耐用年数は二〇〇年以上にもなります。ＥＭ資材の添加は生コン車ではなく生コン工場で行うのが理想的です。

ＶＯＣ対策としては、塗料や接着剤の容積に対して〇・一～一％のＥＭ資材を添加混合してから使用します。使用する資材は、水性塗料にはＥＭの液体資材を一～三％、油性塗料にはＥＭセラミックスを一～三％を目安に使用します。もちろん日常的にＥＭを活用し、室内に有用な微生物が定着するよう環境管理することも効果的です。

シロアリ対策と古い家屋や木造文化財の保存にも

古い木造建築のシロアリ対策は頭痛の種ですが、床下の基礎の部分にＥＭ活性液を繰り返し散布し浸透させると、シロアリは完全に防除することができます。さらに年に一回、基礎の部分を洗うように散布し、床下に一平方メートルあたり〇・五～一リットル散布すると、三～四年で建造物は大地に根を張ったように頑丈になり、耐震性もかなり強化されます。

ＥＭ活性液を五〇～一〇〇倍に薄め、ホームセンターで販売している高圧洗浄機で屋根や壁などを洗うと、木材やコンクリートの劣化は止まります。これを毎年一回繰り返せば、ふつうの家でも一〇〇年以上の住宅、新築の段階から始めれば二〇〇年住宅にすることも容易です。

東日本大震災で津波や放射能で汚染された家屋や、洪水で浸水した家でも、この処理法は幅広く実施されています。一回ていねいに処理すると、一〇年以上も建築物の寿命が延びるといわれています。あらゆる場所にＥＭのシントロピー（蘇生《そせい》）力を活用したいものです。

あとがき

私がＥＭを開発してから三〇余年の歳月が流れました。

その間、世界は大きく変化しました。グローバル時代、インターネット時代の到来が高らかに告げられ、より世界は便利で、快適になったといわれました。しかし、はたして私たちはその分、幸せになっているでしょうか？

いまあらためて世界の情勢を見るにつけ、以前にもまして多くの問題が山積し、社会はより混迷を深めているといわざるをえません。

何より考えなければならないのは、悪化の一途をたどる地球環境でしょう。人口の爆発的な増大にともなう食糧生産や産業の振興によって、自然は大々的に破壊され、環境は汚染されつづけています。

その結果、私たちの健康は脅かされ、また地球上の多くの動植物が絶滅したり、絶滅の危機にさらされています。当然のことながら、この延長線上には人類そのものの滅亡が待ちかまえています。

二〇一〇年一〇月に名古屋でＣＯＰ10（生物多様性条約第一〇回締約国会議）が行われ、生物多様性の問題が大きな話題となりました。私たちはいま、生物の多様性を生み出した「自然」について、あらためて考える必要があります。

自然とは本来、過酷なものです。すべての生命を拒否するような荒涼とした砂漠や極寒の地、猛獣や疫病だらけのジャングルもあるし、台風や旱魃《かんばつ》、地震、洪水、雷など人間の生存を脅かす変動もつねに存在しています。

人間は安心して生きていくために有史以来、自然に勝つこと、自然を支配することを信条とし、「産めよ増やせよ」を続けてきました。その結果、人口はいまや自然のレベルでは支えることができないほど増大し、それが数々の動植物を絶滅の危機に追い込むことになっているのです。

もともと地球上のあらゆる生命をつかさどるＤＮＡやＲＮＡは、ウイルスやそのほかの微生物から人間まですべて共通の塩基で成り立っていますが、人間は進化の過程で、知的、精神的、霊的な能力を獲得してきました。

別の見方をすると、すべての生命体は人間まで進化することをめざしたものの、さまざまな理由で進化が止まってしまい、進化した人類を支える側に回っているということになります。ほかの生物からみれば「人類とは、なんと運のいいやつだ」ということになるでしょう。

だからこそ人類は、生物種の頂点に立つものとして、その進化を支えたすべての生物種を守る義務があるのです。それは「すべてのものをはぐくみ、いつくしむ」という神への進化にほかなりません。

私たちは、自然資源を浪費することなしに自然の原理を応用し、かつほかの生物種と競合しない、新しい次元の生き方をしなければならないのです。

その第一歩は、ＥＭを空気や水のごとく地球上すべての場所で使うことです。そうすればすべての生物が生きていくうえでの基礎となる微生物相は善玉菌に変わり、そのうえに成立している生命は蘇生《そせい》的になり、蓄積した有害な化学物質は無害化します。

それとともに、食糧生産においてもＥＭを徹底活用すれば、現在の数倍もの生産量があがるため、これ以上自然を破壊する必要はなくなります。

耕作に不便な土地も、ＥＭで植林すればきわめて短い期間で豊かな緑地に変わり、海水の淡水化も容易なため、砂漠や屋上など食糧生産の資源や空間は無限にあります。

このほかエネルギーや工業、環境、土木建築など、あらゆる分野にＥＭを応用すれば、すべてが安全で快適、低コストで高品質という社会が実現します。

持続すればするほどよくなるというシントロピー（蘇生）の法則に従って、現在の人類が抱えるあらゆる問題は解決します。

このレベルにまでＥＭ活用が進めば、人間は物質的な競争から精神的、芸術的または霊的進化を求める新しい次元に到達することができるでしょう。

いまの人類に必要なのは、これからの進化にふさわしい思想哲学と、それを実行する蘇生的な技術です。ＥＭがその条件を完璧《かんぺき》に満たす万能的な技術であることは、本書で紹介したさまざまな実例によってご理解いただけたと思います。

最後に、この本の出版にいたるまで多大なご協力をいただいたみなさまに心から感謝申し上げます。

また、この本の印税はすべて、これからも根気強く続けることに決まった福島の放射能対策を中心に、東日本大震災の復興支援のＥＭプロジェクト推進事業に使われることになっております。読者のご理解とご協力をお願いする次第です。

二〇一二年七月

比嘉照夫

比嘉照夫
（ひが・てるお）

1941年沖縄県生まれ。琉球大学農学部農学科卒業後、九州大学大学院農学研究科博士課程修了。農学博士。82年より琉球大学農学部教授、2007年より同大学名誉教授。「EM技術」の開発によって世界的に知られ、海外各国でも技術指導にあたっている。現在、公立大学法人名桜大学国際EM技術研究所所長・教授、アジア・太平洋自然農業ネットワーク会長、（公・財）自然農法国際研究開発センター評議員、NPO法人地球環境・共生ネットワーク会長、農林水産省・国土交通省提唱「全国花のまちづくりコンクール」審査委員長。著書に、『地球を救う大変革』①②③、『甦る未来』『EMで生ゴミを活かす』（いずれも小社）、『微生物の農業利用と環境保全』（農文協）、『シントロピー（蘇生）の法則』（地球環境・共生ネットワーク）など。

新・地球を救う大変革

2012年8月10日　初版印刷
2012年8月25日　初版発行

著　者　比嘉照夫
発行人　植木宣隆
発行所　株式会社サンマーク出版
〒169-0075 東京都新宿区高田馬場 2-16-11
電話　03-5272-3166
印　刷　図書印刷株式会社
製　本　株式会社若林製本工場

ISBN978-4-7631-3169-0 C0030
ホームページ http://www.sunmark.co.jp
携帯サイト http://www.sunmark.jp